알기 쉬운 동물보건내과학 실습지침서

김경민
김은정

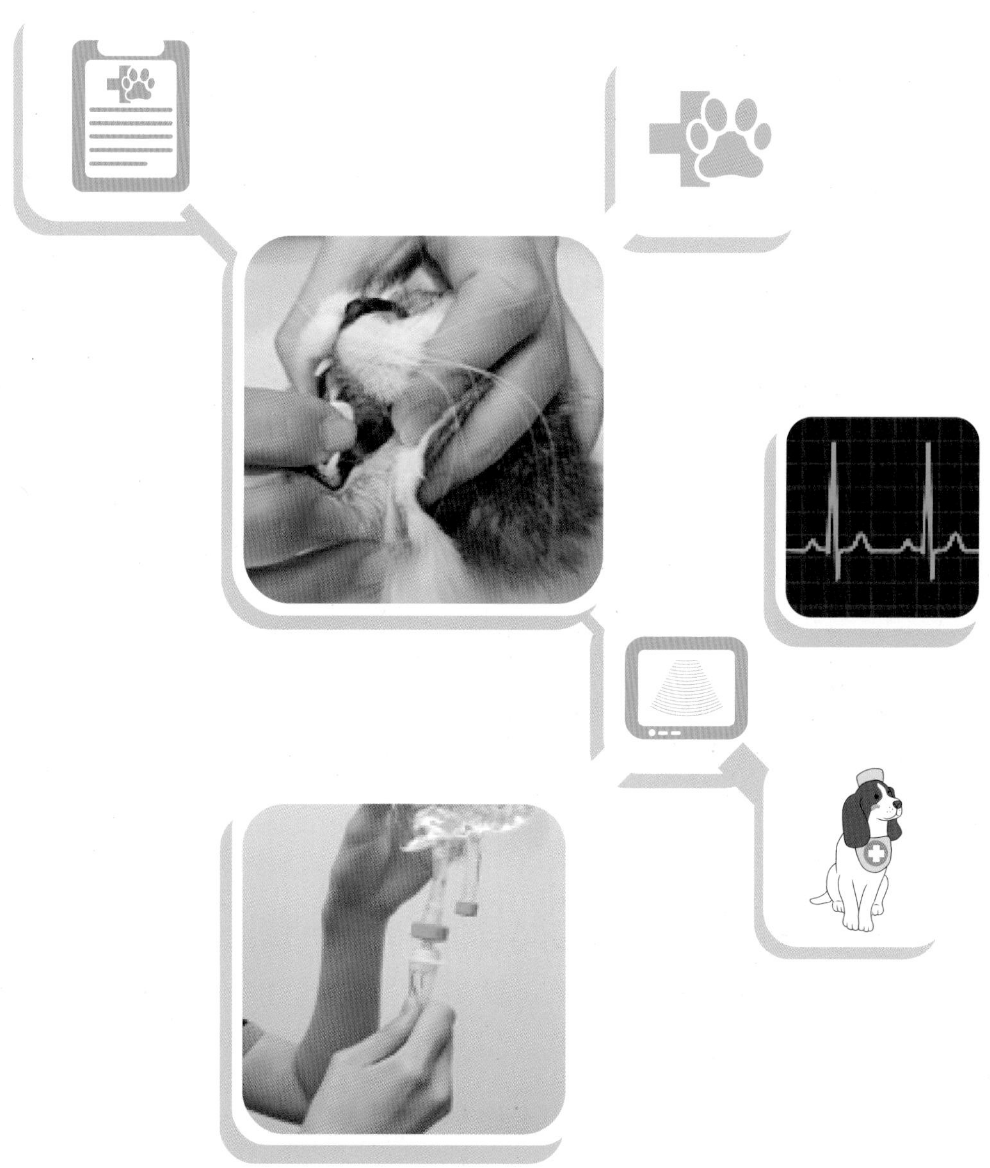

박영story

반려동물 양육가구의 증가에 따라, 동물의료분야에 대한 반려인의 기대와 사회적 요구도 높아지고 있다. 이에 따른 양질의 동물의료서비스를 위해 전문적이고 체계적인 수의보조인력이 양성되어야 하며, 수의사법의 개정을 통해 2022년 이후부터 매년 동물보건사가 배출되고 있다.

이 책은 동물보건사 양성 기관의 학생들을 위한 동물보건내과학 실습지침서로써, 원활하고 능숙하게 동물간호와 진료보조 업무를 수행하기 위해, 실습교육을 체계적으로 지도할 수 있도록 20개의 실습 항목에 대해 학습목표, 실습준비물, 실습 관련 이론, 실습 방법 순으로 정렬하였고 실습교육 후 실습 내용을 작성 및 마무리할 수 있도록 실습일지, 실습 내용 정리 등으로 구성하였다. 또한 실습 준비물과 방법을 묘사한 사진과 그림을 제시하여 실습생들의 이해를 돕고, 현장 적응력을 높이고자 하였다.

학생들이 동물보건내과학 실습교육을 통해 동물의료 현장에서 요구하는 전문 업무 능력을 배양할 수 있도록 보다 체계적인 실습교육 운영과 관리가 되길 바라며, 이를 통해 동물보건사가 되기 위해 준비하는 학생들에게 이 책이 유용하고 의미있게 사용될 수 있기를 희망한다.

끝으로 이 책이 출간되기까지 많은 시간과 노력을 할애해 준 이다연, 전지효 등 반려생물학과 학생들에게도 깊은 감사의 뜻을 전한다.

2023년 8월

실습 유의사항

실습생 준수사항

1. 실습시간을 정확하게 지킨다.
2. 학과 실습 규정에 따라 실습에 임하며 규정에 반하는 행동을 하지 않는다.
3. 실습수업을 하는 동안 실습지침서를 항상 휴대한다.
4. 복장을 단정하게 유지한다.
5. 손톱에 매니큐어를 칠하지 않았는지 확인하고 장신구는 제거한다.
6. 안전과 감염관리에 대한 교육내용을 사전 숙지한다.
7. 본인의 감염관리를 철저히 한다.

실습일지 작성

1. 실습 날짜를 정확하게 기록한다.
2. 실습한 내용을 구체적으로 작성한다.
3. 실습 후 토의 내용을 숙지하여 작성한다.

실습지도

1. 학생이 이론과 실습이 균형된 경험을 얻을 수 있도록 이론으로 학습한 내용을 확인한다.
2. 실습지침서에 기록된 사항을 고려하여 지도한다.
3. 모든 학생이 골고루 실습 수업에 참여할 수 있도록 지도한다.
4. 학생들의 안전에 유의한다.

실습성적 평가

1. ______시간 결석 시 ______점 감점한다.
2. ______시간 지각 시 ______점 감점한다.
3. ______시간 결석 시 성적 부여가 불가능(F) 하다.

주차별 실습계획서

주차	학습 목표	학습 내용
1	요골쪽피부정맥(Cephalic vein) 카테터 장착을 위한 동물환자의 자세잡기	• 요골쪽피부정맥 카테터 장착에 필요한 물품을 준비할 수 있다. • 카테터 장착을 위한 동물환자 자세잡기를 할 수 있다.
2	대퇴정맥(Femoral vein) 카테터 장착을 위한 동물환자의 자세잡기	• 대퇴정맥 카테터 장착에 필요한 물품을 준비할 수 있다. • 카테터 장착을 위한 동물환자 자세잡기를 할 수 있다.
3	거즈입마개 사용하기	• 사람을 공격할 가능성이 있는 동물환자의 처치를 위한 대처법을 학습하고 응용할 수 있다. • 거즈붕대를 사용하여 동물환자의 입 묶는 방법을 정확히 수행할 수 있다. • 거즈입마개를 사용하는 동안 호흡곤란 등이 없는지 동물환자를 세심히 관찰하여 안전하게 처치가 이루어질 수 있도록 한다.
4	체온 측정하기	• 체온 측정에 필요한 물품을 준비할 수 있다. • 체온을 정확히게 측징할 수 있다. • 체온이 정상범위 내에 있는지 확인하고 측정결과를 정확하게 기록할 수 있다.
5	호흡수 측정하기	• 호흡 측정에 필요한 물품을 준비할 수 있다. • 호흡수를 정확하게 측정할 수 있다. • 호흡수가 정상범위 내에 있는지 확인하고 측정결과를 정확하게 기록할 수 있다.
6	맥박 측정하기	• 맥박 측정에 필요한 물품을 준비할 수 있다. • 맥박을 정확하게 측정할 수 있다. • 맥박이 정상범위 내에 있는지 확인하고 측정결과를 정확하게 기록할 수 있다.
7	혈압 측정하기	• 혈압 측정에 필요한 물품을 준비할 수 있다. • 혈압을 정확하게 측정할 수 있다. • 혈압 측정값이 정상범위 내에 있는지 확인하고 측정결과를 정확하게 기록할 수 있다.

8	CRT(모세혈관재충만시간) 평가하기	• CRT(capillary refill time)를 정확하게 측정할 수 있다. • CRT가 정상범위 내에 있는지 확인하고 측정결과를 정확하게 기록할 수 있다.
9	예방접종 보조하기	• 동물환자의 예방접종에 필요한 물품을 준비할 수 있다. • 예방접종 준비 과정을 이해하고 원활한 진료보조를 할 수 있다.
10	환자의 영양관리	• 입원환자의 영양 상태를 평가할 수 있다. • 입원환자에게 원활한 영양공급이 이루어질 수 있도록 여러 가지 급여방법을 익힌다.
11	경구 투약하기	• 경구 투약을 준비할 수 있다. • 경구 투약을 정확하게 수행할 수 있다. • 경구 투약 수행 후 관련 내용을 기록할 수 있다.
12	귀약 넣기	• 동물환자 귀약 넣기를 정확하게 수행할 수 있다. • 투약 후 관련 내용을 기록할 수 있다.
13	앰플 약물 준비하기	• 처방된 앰플 약물을 안정하게 준비할 수 있다. • 처방된 약물 용량이 맞는지 용량을 계산하여 약물을 준비할 수 있다. • 동물환자에게 처방된 약물을 정확하게 기록할 수 있다.
14	수액처치 준비하기	• 수액처치에 필요한 물품을 준비할 수 있다. • 수액처치를 위한 보조업무를 정확하게 수행할 수 있다. • 수액처치에 대한 내용을 정확하게 기록할 수 있다.
15	간이 혈당 검사하기	• 혈당검사에 필요한 물품을 준비할 수 있다. • 검사 부위를 선정하고 정확하게 혈당검사를 수행할 수 있다. • 혈당검사 수행 후 측정결과를 정확하게 기록할 수 있다.
16	요카테터 장착하기(수컷)	• 요카테터 장착에 필요한 물품을 준비할 수 있다. • 요카테터 장착을 정확하게 수행할 수 있다. • 수행결과를 정확하게 기록할 수 있다.

17	관장	• 관장에 필요한 물품을 준비할 수 있다. • 관장을 정확하게 수행할 수 있다. • 혈압 측정값이 정상범위 내에 있는지 확인하고 측정결과를 정확하게 기록할 수 있다.
18	산소처치 보조하기	• 산소처치에 필요한 물품을 준비할 수 있다. • 산소처치를 동물환자에 맞게 수행할 수 있다. • 산소공급에 대한 내용을 정확하게 기록할 수 있다.
19	멸균장갑 착용하기	• 손을 통해 병원체가 전파되는 될 수 있음을 이해하고, 병원균 감소와 전파 방지 방법에 대해 학습한다. • 멸균적 시술을 시행하기 위해, 멸균장갑 착용을 정확한 방법으로 수행할 수 있다.
20	의료폐기물 처리하기	• 의료폐기물의 정의와 종류에 대해 학습한다. • 동물병원에서 발생하는 의료폐기물을 적절한 방법으로 처리할 수 있다.

목차

알기 쉬운 동물보건내과학 실습지침서

동물환자 자세잡기 : 요골쪽피부정맥 (Cephalic vein) 카테터 장착

알기 쉬운 동물보건내과학 실습지침서

학습목표
• 요골쪽피부정맥 카테터 장착에 필요한 물품을 준비할 수 있다. • 카테터 장착을 위한 동물환자 자세잡기를 할 수 있다.

실습준비물	
• 실습견 또는 실습 모형 	• 정맥카테터 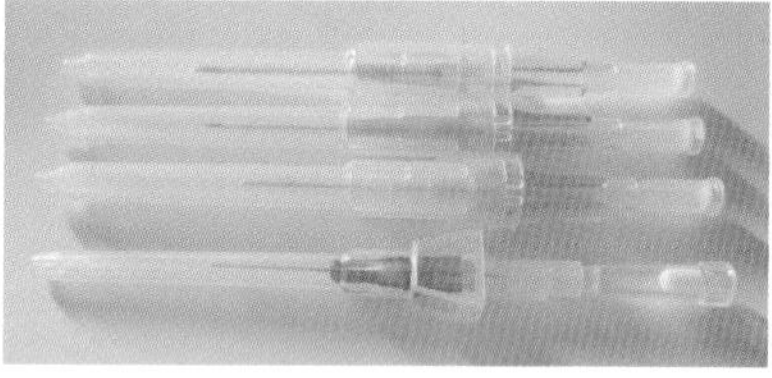
• 헤파린 캡(heparin cap) 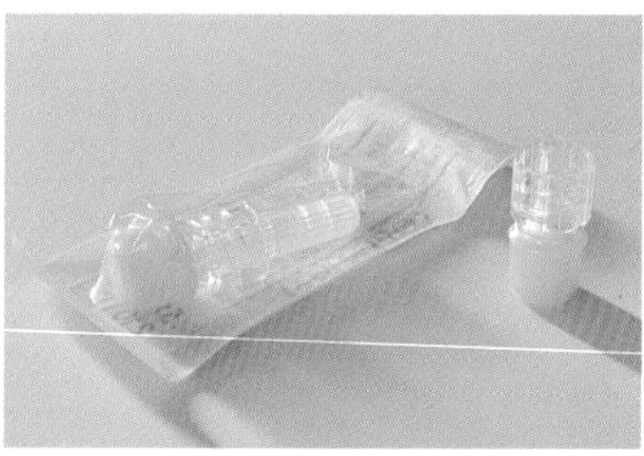	• 토니켓(혈관압박대) 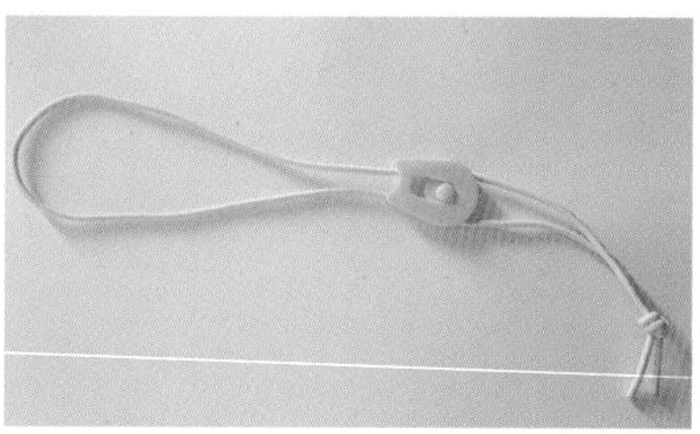
• 접착테이프(micropore 또는 transpore) 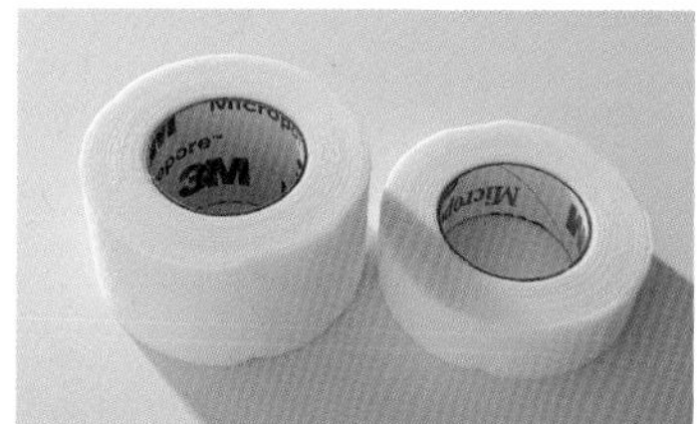	• 생리식염수가 든 3ml 주사기 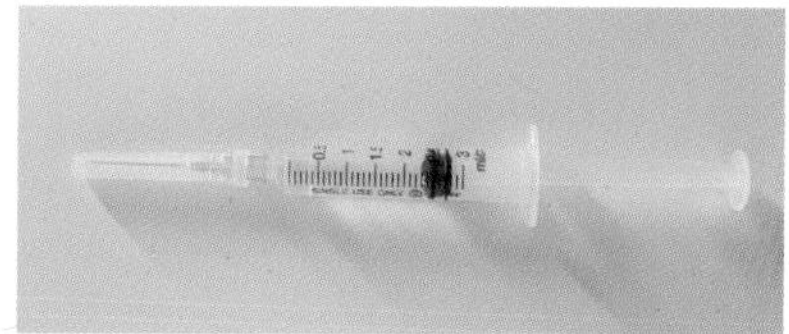
• 알코올 솜	• 쟁반 (tray)

실습 관련 이론
• 동물병원에 내원하는 동물환자의 진료보조를 위해 원활하게 환자를 다루는 것(handling and restraint)은 동물환자와 수의사, 동물보건사 모두의 안전과 효율성을 위해 필수적이다. • 동물병원에서 주로 이루어지는 기본적인 진료의 진행 절차에 대해 이해하고, 환자를 원활하게 다루어야 환자도 스트레스를 덜 받고 몸부림을 치거나 탈출하려는 경향이 감소하여 원활한 진료보조가 가능하다. 환자를 잡을 때 서툴거나 부적절한 자세를 취하게 되면 환자가 불편해하고 스트레스를 받거나 화가 나 진료에 비협조적일 수 있으므로 자신감 있는 태도로 안전하게 힘을 주어 자세잡기를 하는 것이 필요하다.

실습방법	
1	정맥카테터 장착을 위한 물품을 준비하고 수의사가 잡기 쉬운 방향으로 놓아둔다.
2	동물환자를 엎드린 자세(sternal recumbency) 또는 앉은 자세를 취하게 한다.  
3	한 손으로 카테터를 장착할 환자의 앞다리를 잡고 다른 손으로 환자의 머리를 감싸 실습생의 몸쪽으로 당긴다. 이때 카테터를 장착할 앞다리의 겨드랑이를 움켜잡거나 앞다리굽이관절(elbow joint)을 잡아 수의사가 카테터 장착을 하는데 환자의 움직임을 제한하는 것이 중요하다.  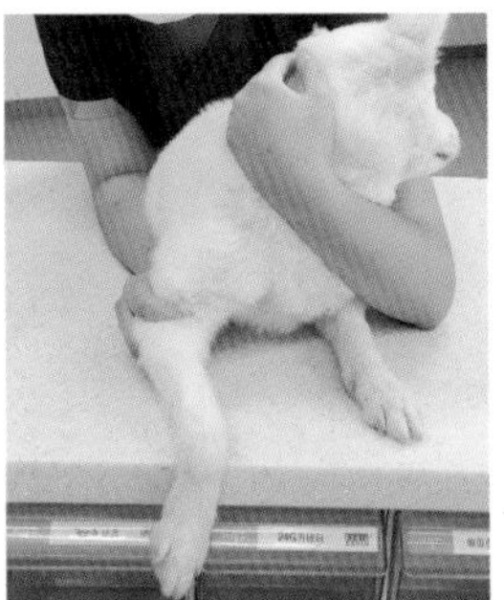
4	실습생의 몸과 팔 사이에 환자의 하반신을 감싸안아야 환자의 저항이나 뒷걸음질 치려는 움직임을 저지할 수 있다.

5	카테터 장착이 끝나고, 필요에 따라 환자에게 넥칼라를 씌운다(환자의 목과 넥칼라 사이 손가락 2개 정도 들어갈 여유가 있도록 한다).  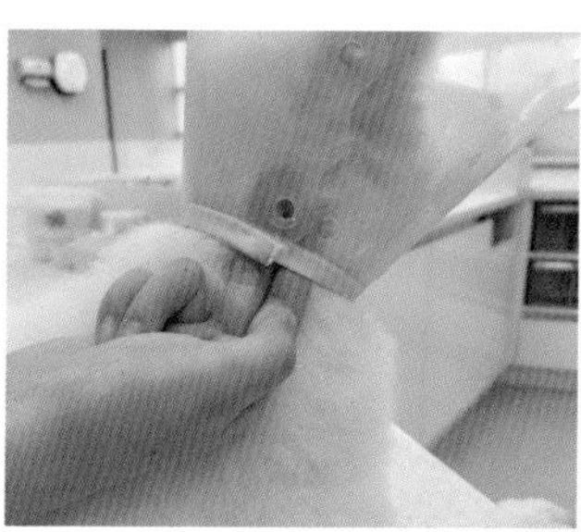

실습일지

실습날짜	년 월 일	실습장소	
실습준비물			
실습내용			

실습 내용 정리

동물환자 자세잡기 : 대퇴정맥 (Femoral vein) 카테터 장착

알기 쉬운 동물보건내과학 실습지침서

학습목표
• 대퇴정맥 카테터 장착에 필요한 물품을 준비할 수 있다. • 카테터 장착을 위한 동물환자 자세잡기를 할 수 있다.

실습준비물	
• 실습견 또는 실습 모형 	• 정맥카테터 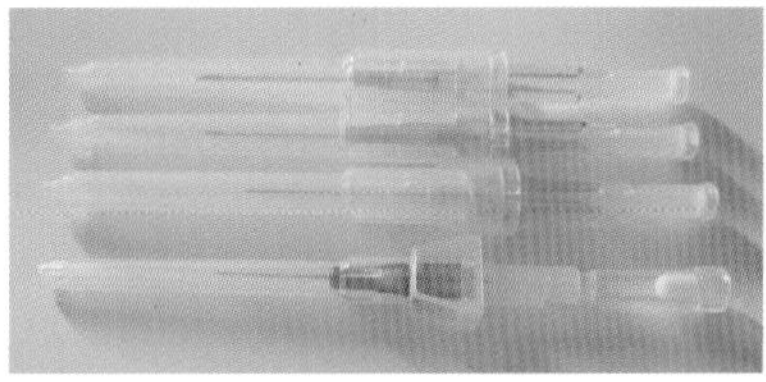
• 헤파린 캡(heparin cap) 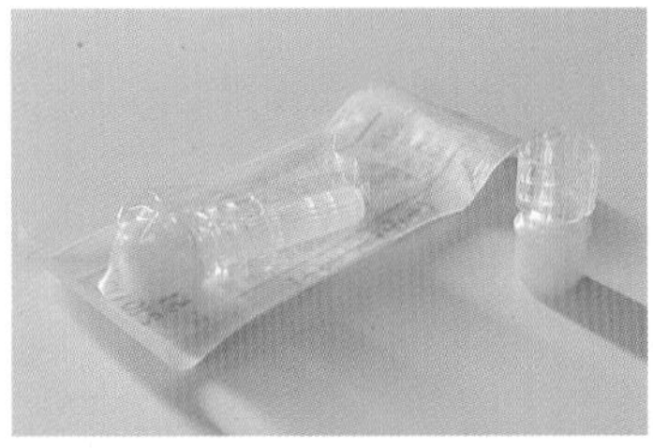	• 토니켓(혈관압박대) 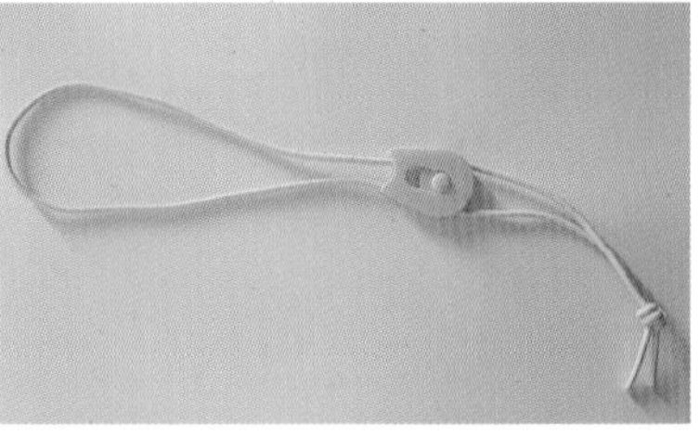
• 접착테이프 (micropore 또는 transpore) 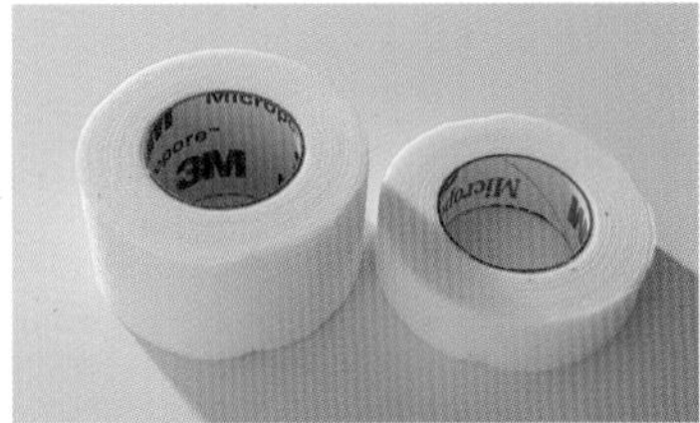	• 생리식염수가 든 3ml 주사기 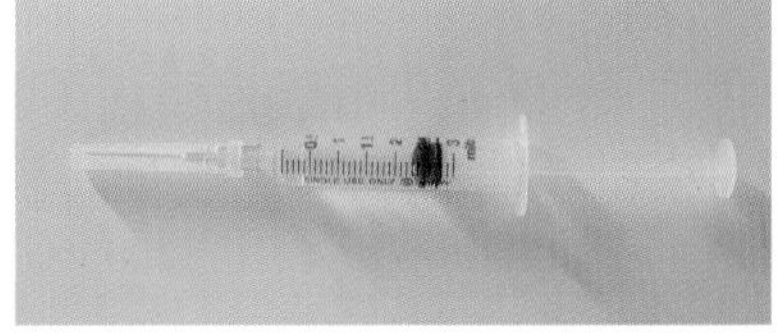

• 알코올 솜	• 쟁반 (tray)
	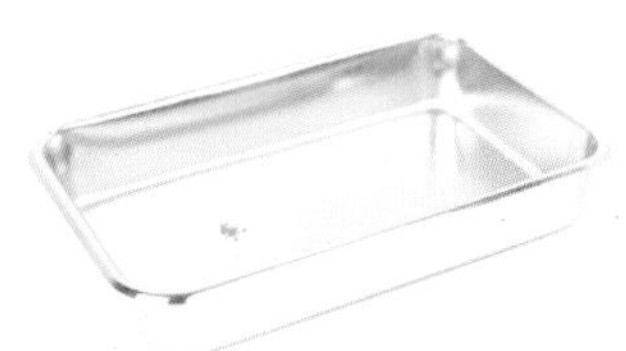

실습 관련 이론

- 진료보조를 위해 동물환자의 자세잡기를 하는 경우, 동물의 종류·품종·성별·나이·이전 진료 경험·건강상태(현재 질병상태) 등을 고려하여 진행하는 것이 좋다. 일반적으로 가정집에서 생활하는 반려견의 경우 온순한 편이지만 품종에 따라 예민한 경향의 품종이 있고, 야외 활동을 즐겨하지 않는 고양이는 낯선 환경에 불안해하고 예민해져서 진료·처치가 이루어지는 동안 방어를 할 가능성이 있다. 또한 이전 동물병원에서 처치·검사를 하는 과정에서 좋지 않은 경험이 있을 경우, 예민하고 신경질적으로 반응하여 환자 다루기가 더욱 어려울 수 있다.

- 동물환자를 다루고 움직임을 제한하는 방법에는 크게 심리적, 물리적, 화학적 방법이 있다.
  - 심리적 방법은 환자가 사람과 함께 생활하는데 익숙하여 심리적으로 의지하고 안정된 상태를 유지하며 진료·처치를 따르는 방법이다.
  - 물리적 방법은 동물환자 진료·처치를 하는 과정에서 가장 많이 사용하는 방법으로 진료진의 손과 신체를 이용하여 필요한 자세를 잡게 된다.
    예) 경정맥 채혈을 위한 환자 자세잡기

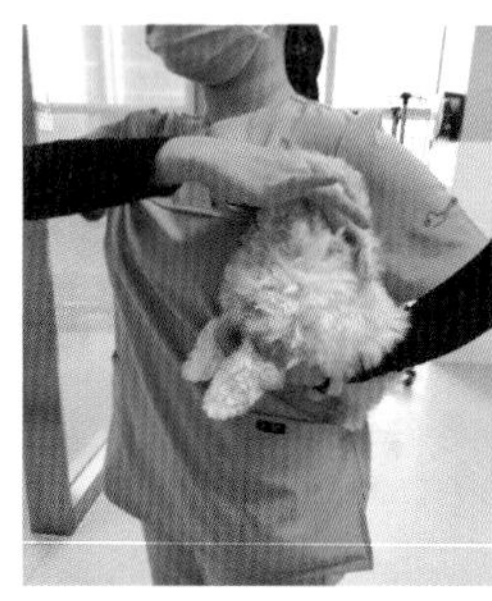 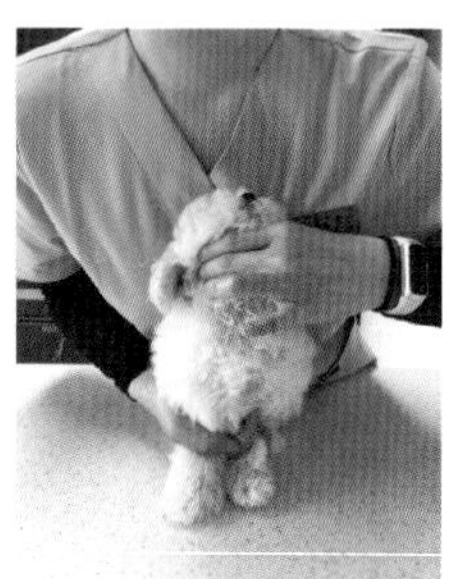 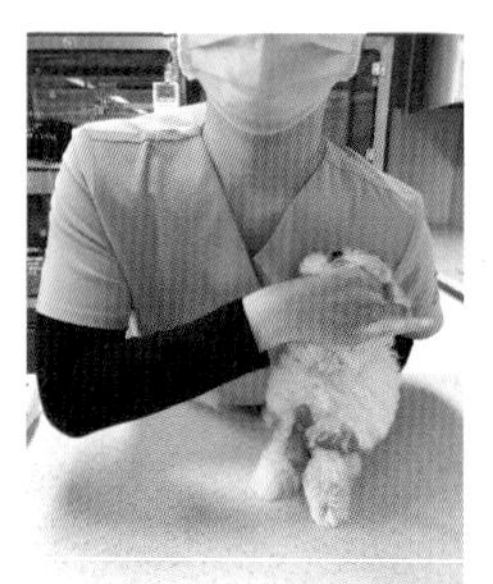

  - 화학적 방법은 약물을 사용하여 환자를 진정시키거나 마취하는 방법이다. 환자의 상태가 매우 불안정하거나 통증이 심한 경우, 극도로 예민하여 공격성을 보이는 경우 전정 또는 마취를 하고 진료·처치를 할 수 있고 이 경우 반드시 수의사의 지시에 따라야 한다.

실습방법	
1	정맥카테터 장착을 위한 물품을 준비하고 수의사가 잡기 쉬운 방향으로 놓아둔다.
2	정맥카테터를 장착할 다리(오른쪽 다리일 경우)가 테이블 쪽에 놓이도록 옆으로 누운자세(lateral recumbency)를 취하게 한다: ㉠ 동물환자가 검사대에 서 있는 자세에서, 실습생이 동물환자 가까이 밀착하여 서서 오른쪽 손으로 환자의 앞다리를 잡고, 왼쪽 손으로 뒷다리를 잡는다. 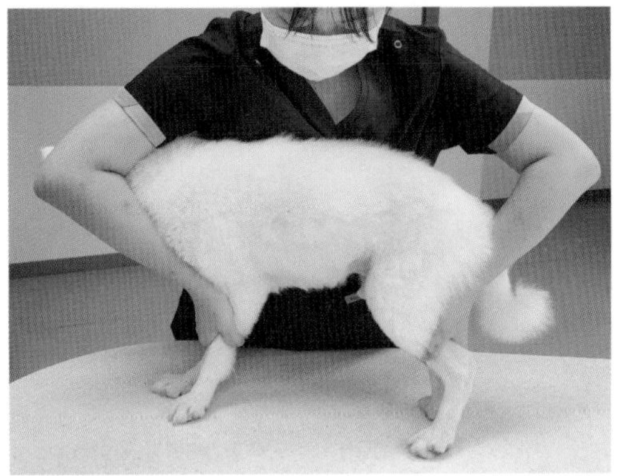 ㉡ 다리를 단단히 붙잡고 환자의 몸을 실습생 몸쪽으로 당기면서 붙잡은 다리를 살짝 들어올리면서 환자를 옆으로 눕힌다. 환자가 옆으로 눕힐 때 실습생의 몸에 미끄러지듯이 움직여야 한다. ㉢ 오른쪽 팔목을 이용하며 환자의 목부위를 눌러 환자의 움직임을 제한한다. 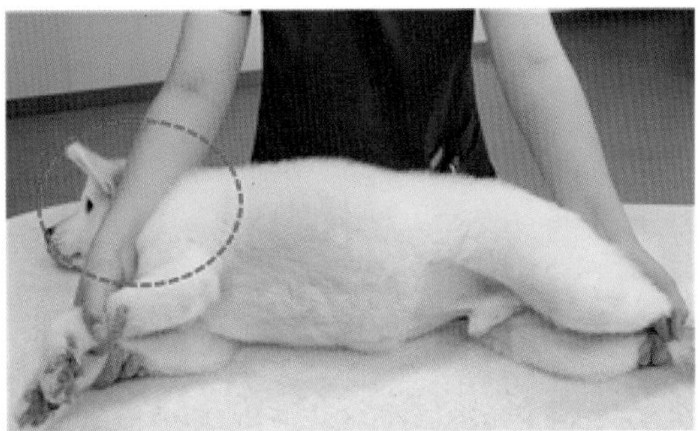

	㉣ 양쪽 뒷다리를 잡고 있던 왼손으로 오른쪽 뒷다리를 다시 잡아 정맥카테터를 장착할 다리의 움직임을 제한한다. 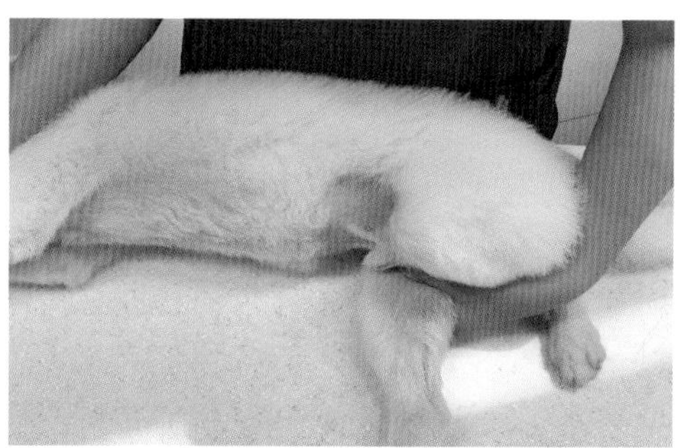
3 	수의사의 카테터 장착이 끝나고, 필요에 따라 환자에게 넥칼라를 씌운다(환자의 목과 넥칼라 사이 손가락 2개 정도 들어갈 여유가 있도록 한다). 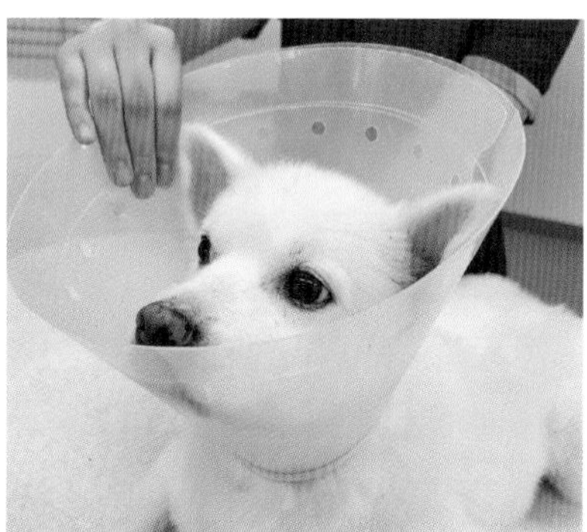 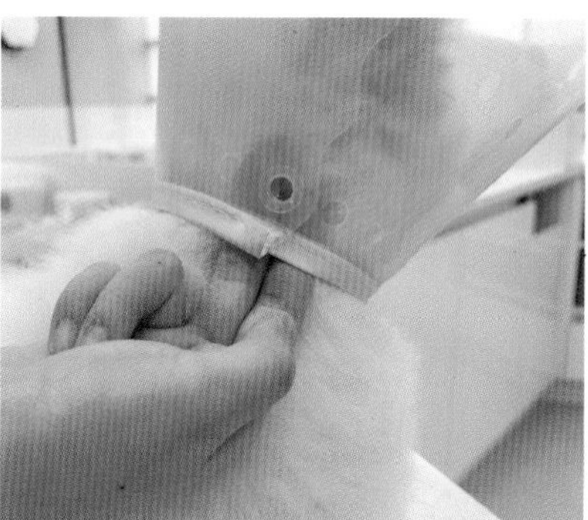

실습일지

실습날짜	년 월 일	실습장소	
실습준비물			
실습내용			

실습 내용 정리

거즈입마개 사용하기

알기 쉬운 동물보건내과학 실습지침서

학습목표
• 사람을 공격할 가능성이 있는 동물환자의 처치를 위한 대처법을 학습하고 응용할 수 있다. • 거즈붕대를 사용하여 동물환자의 입 묶는 방법을 정확히 수행할 수 있다. • 거즈입마개를 사용하는 동안 호흡곤란 등이 없는지 동물환자를 세심히 관찰하여 안전하게 처치가 이루어질 수 있도록 한다.

실습준비물
• 실습견 또는 실습 모형  
• 끈 또는 거즈붕대 30~50cm 

실습방법	
1	물과 비누로 손을 씻거나 손 소독제로 손소독을 실시한다.
2	동물환자는 바닥에 앉은 자세를 취하도록 한다.
3	동물환자의 주둥이를 확인하고, 끈 또는 롤붕대(30~50cm 정도)을 준비한다. ※ 단두종(brachycephalic breed)의 경우 끈으로 주둥이를 묶기가 어려울 수 있으므로 다른 방법 (neck collar, 시판하는 입마개 등)이 필요할 수 있다.  
4	환자의 주둥이가 들어갈 수 있도록, 끈의 한 가운데에 큰 고리를 만든다. 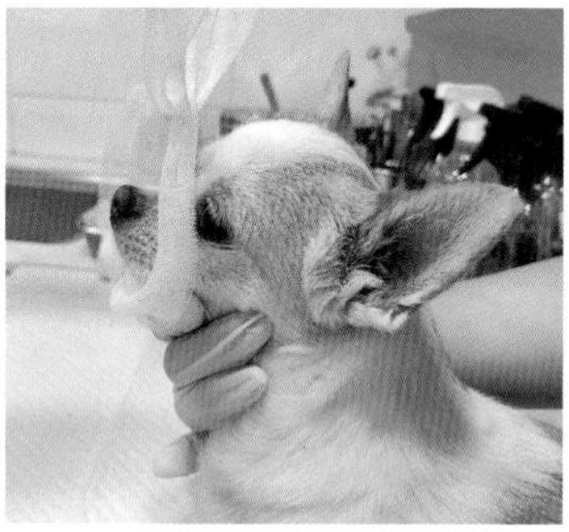
5	끈으로 만든 고리를 주둥이에 끼우는데, 이때 매듭이 주둥이의 등쪽(dorsal)으로 향하도록 끼운 후 묶는다. 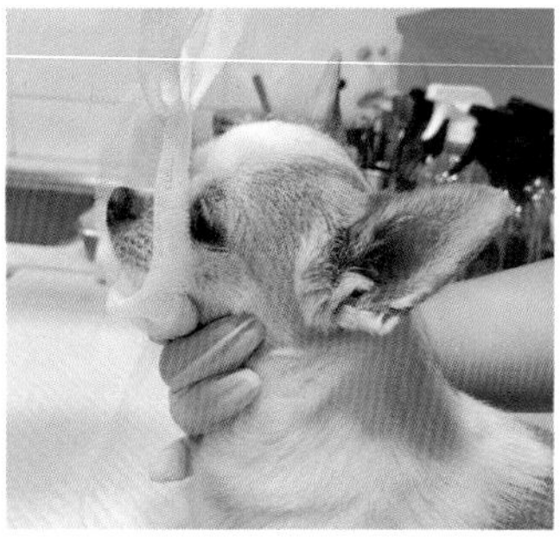 

6	매듭을 한 후 줄의 양끝을 아래턱 부위에서 교차해서 다시 한번 묶는다. 
7	아래턱에서 묶은 후 두 줄의 양 끝이 귀 뒤로 지나 머리 뒤쪽(occipital region)에서 묶어 매듭을 짓는다. 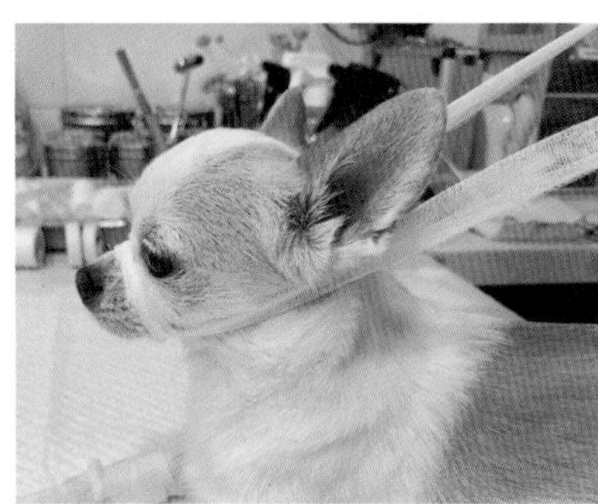 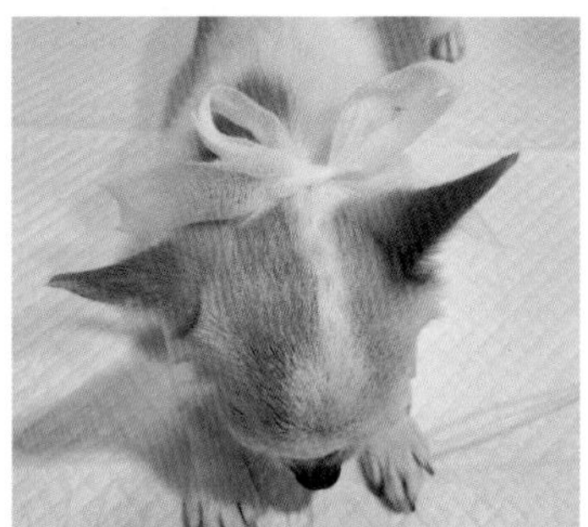

실습일지

실습날짜	년　　월　　일	실습장소	
실습준비물			
실습내용			

실습 내용 정리

체온 측정

알기 쉬운 동물보건내과학 실습지침서

학습목표
• 체온 측정에 필요한 물품을 준비할 수 있다. • 체온을 정확하게 측정할 수 있다. • 체온이 정상범위 내에 있는지 확인하고 측정결과를 정확하게 기록할 수 있다.

실습준비물	
• 실습견 또는 실습 모형	• 전자 체온계/수은 체온계
• 손 소독제	• 소독솜
• 쟁반(tray)	• 윤활제

실습 관련 이론

- 동물의 정상 체온 범위
  - 개 : 37.5~39.5℃
  - 고양이 : 37.5~39.5℃

- 고체온과 저체온 환자의 간호계획

환자평가	임상증상	요구되는 개선상태	간호계획
고체온 (hyperthermia)	• 39.5℃ 이상 • 헉헉거림(panting) • 피부가 따뜻함 • 빈호흡, 빈맥 • 심리 상태 불안정	정상 체온 유지	• 체온을 낮추는 처치-시원한 환경 제공, Ice pack을 입원장에 넣어줌. 물에 적신 수건을 몸에 둘러줌 • 탈수 예방 조치 • 처방된 해열제 투여
저체온 (hypothermia)	• 37.2℃ 이하 • 오한 • 심리상태 변화 • CRT지연 • 서맥 • 호흡감소 • 청색증	정상 체온 유지	• 보온 제공-인큐베이터, 따뜻한 순환 담요 제공, 가온된 수액처치 • Hot pack을 입원장에 넣어줌 • 산소공급

실습방법	
1	물과 비누로 손을 씻거나 손 소독제로 손 소독을 실시한다.
2	필요한 물품을 준비하고, 체온계의 작동 여부를 확인한다.
3	준비한 물품을 가지고 동물환자를 확인한다.
4	전자체온계를 꺼내어 끝부분을 윤활제를 바른다.
5	한 손으로 환자의 꼬리를 잡고 다른 한 손(체온계를 잡은)으로 체온계를 환자의 항문에 부드럽게 삽입하여 빠지지 않도록 지지한다. 측정하는 체온계의 끝부분이 직장 벽에 닿을 수 있도록 살짝 방향을 틀면 정확한 심부 체온을 측정할 수 있다.
6	체온계 화면에 나타난 글자가 더 이상 깜박이지 않거나 "삐~" 소리 등 해당 체온계의 체온 측정이 완료될 때까지 체온계를 잘 유지시킨다.
7	환자로부터 체온계를 제거하고 체온계 끝부분에 묻은 변과 윤활제를 소독솜으로 닦은 후 보관한다.
8	측정한 체온 결과를 환자기록지에 기록한다.

실습일지

실습날짜	년 월 일	실습장소	
실습준비물			
실습내용			

실습 내용 정리

호흡수 측정

알기 쉬운 동물보건내과학 실습지침서

학습목표
• 호흡 측정에 필요한 물품을 준비할 수 있다. • 호흡수를 정확하게 측정할 수 있다. • 호흡수가 정상범위 내에 있는지 확인하고 측정결과를 정확하게 기록할 수 있다.

실습준비물

• 실습견 또는 실습 모형

• 초침이 있는 시계(손목시계)

실습 관련 이론

- 동물의 정상 호흡수
  - 개 : 10~30회/분
  - 고양이 : 20~30회/분

- 호흡 형태의 변화
  - 서호흡(Bradypnea) : 호흡이 규칙적이지만 느리다.
  - 빈호흡(Tachypnea) : 호흡이 규칙적이지만 비정상적으로 빠르다.
  - 과호흡(Hyperpnea) : 호흡의 깊이가 증가된다.
  - 무호흡(Apnea) : 호흡이 몇 초간 중단된다. 지속적인 정지는 호흡 정지를 초래한다.

실습방법

1	동물환자가 최대한 편안한 상태에서 호흡수를 측정할 수 있도록 갑자기 환자에게 다가가지 않는다.
2	환자의 흉곽이나 복부의 움직임을 1분간 관찰하여 측정한다(호흡이 규칙적인 경우 30초간 호흡수를 측정하여 2를 곱하여 분당 호흡수를 계산한다). 흉곽이나 복부가 올라갔다 내려오는 게 1회 호흡이다.
3	측정한 호흡수를 환자기록지에 기록한다(환자가 흥분상태이거나 헐떡거리는 경우에는 호흡이 빨라지기 때문에 정확한 측정이 어려울 수 있다. 이때는 '환자 흥분상태' 또는 'panting'라고 함께 기록한다).

실습일지

실습날짜	년　　월　　일	실습장소	
실습준비물			
실습내용			

실습 내용 정리

맥박 측정

알기 쉬운 동물보건내과학 실습지침서

학습목표
• 맥박 측정에 필요한 물품을 준비할 수 있다. • 맥박을 정확하게 측정할 수 있다. • 맥박이 정상범위 내에 있는지 확인하고 측정결과를 정확하게 기록할 수 있다.

실습준비물
• 실습견 또는 실습 모형  
• 초침이 있는 시계(손목시계) 

실습 관련 이론

말초 맥박은 경동맥(carotid artery), 상완동맥(brachial artery), 대퇴동맥(femoral artery) 등에서 측정할 수 있으나 심박출량이 감소하면 말초 맥박은 촉진하기가 어려우므로 심장을 청진하여 맥박(심첨맥박)을 측정할 수 있다.

① 청진기를 준비한다.
② 청진기 귀꽂이 부분의 구부러진 곳을 앞쪽으로 하여 귀에 꽂는다.
③ 청진기를 환자의 왼쪽 4~6번째 늑골 사이(왼쪽 견갑골 하단 바로 뒤쪽)에 대고 심장 소리를 듣는다.
④ 리듬이 규칙적이라면, 30초 동안 심장박동수를 측정한 후 2를 곱한다. 만약 심장박동수가 불규칙하거나 수와 리듬의 변화가 있으면 1분 동안 측정한다.

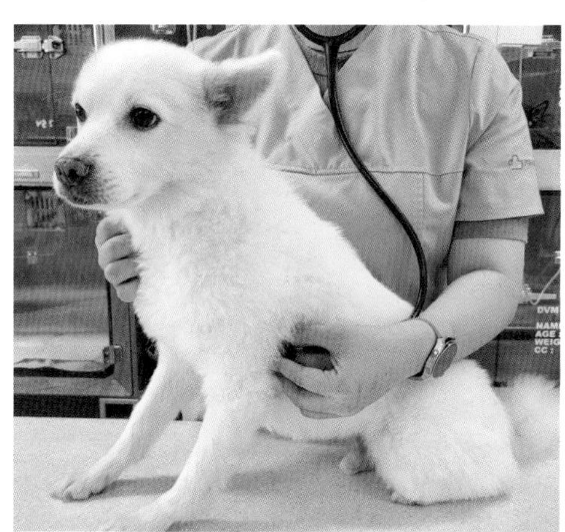

실습방법	
1	물과 비누로 손을 씻거나 손 소독제로 손소독을 실시한다.
2	필요한 물품을 준비하고, 동물환자를 확인한다.
3	동물환자를 눕히거나 세운 상태에서 뒷다리 안쪽 피부를 손가락(두 번째와 세 번째 손가락을 이용)으로 촉진하여 넙다리동맥(femoral artery)을 찾아 손가락 끝으로 적당한 힘으로 눌러 박동을 확인한다. 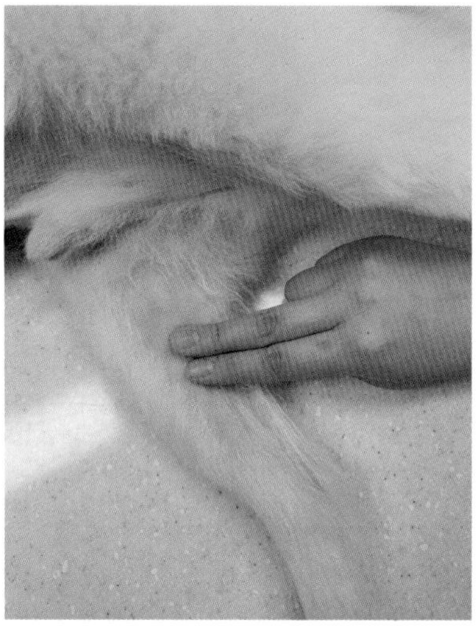
4	맥박이 규칙적인 경우 30초 동안 맥박수를 측정한 후 2를 곱한다(입원 환자의 맥박 리듬이 규칙적인 경우, 15초 동안 세고 4를 곱하거나 20초간 세고 3을 곱하는 것을 허용할 수 있다). 이때 맥박이 불규칙하거나 수와 리듬의 변화가 있으면 1분 동안 측정한다.
5	1분 동안 몇 번인지를 계산하여 환자기록지에 기록한다.

실습일지

실습날짜	년 월 일	실습장소	
실습준비물			
실습내용			

실습 내용 정리

혈압 측정

학습목표

- 혈압 측정에 필요한 물품을 준비할 수 있다.
- 혈압을 정확하게 측정할 수 있다.
- 혈압 측정값이 정상범위 내에 있는지 확인하고 측정결과를 정확하게 기록할 수 있다.

실습준비물

- 실습견 또는 실습 모형

- 도플러 혈압계
- 초음파 젤
- 동물용 커프(cuff)
- 소형 프로브, skinny pencil 프로브

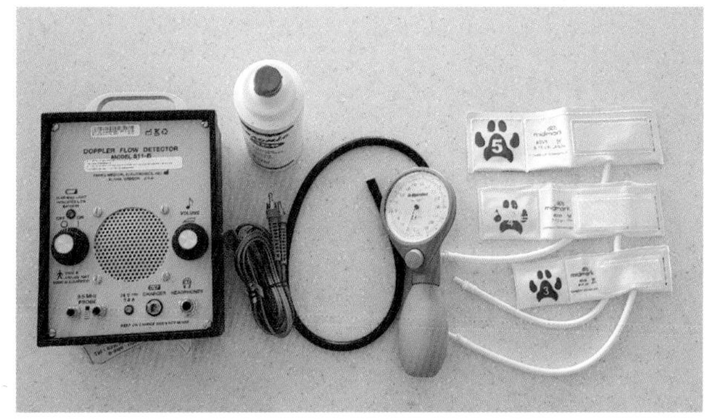

실습 관련 이론

- 혈압은 심실이 수축할 때 대동맥으로 박출된 혈액이 일시에 말초혈관까지 가지 못하고 많은 양의 혈액이 대동맥과 동맥 내에 그 자체의 용적 이상으로 수용되기 때문에 생기는 압력이다. 좌심실 수축 시에 형성되는 압력이 가장 높은데 이를 수축기혈압(systolic pressure)라고 하고, 심장의 이완기에 생기는 압력을 이완기혈압(diastolic pressure)라고 한다. 수축기압과 이완기압의 차이는 맥압(pulse pressure)이며 수축기압과 이완기압의 평균치를 평균압(mean pressure)이라고 한다. 동물의 나이가 증가할수록 현관 탄력성이 감소하여 수축기 혈압이 높아진다.

- Normal Arterial Blood Pressure Values in Adult Dogs&Cats

BLOOD PRESSURE VALUES	DOGS	CATS
Systolic arterial pressure	90-140 mm Hg	80-140 mm Hg
Diastolic arterial pressure	50-80 mm Hg	55-75 mm Hg
Mean arterial pressure	60-100 mm Hg	60-100 mm Hg

- 혈압 측정 시 주의할 점
  - 커프의 넓이가 너무 좁을 경우 : 실제 혈압보다 높게 측정된다.
  - 커프의 넓이가 너무 넓을 경우 : 실제 혈압보다 낮게 측정된다.
  - 커프를 느슨하게 감은 경우 : 실제 혈압보다 높게 측정된다.
  - 커프를 장착한 다리의 위치가 심장 높이보다 낮은 경우 : 실제 혈압보다 높게 측정된다.
  - 커프를 장착한 다리의 위치가 심장 높이보다 높은 경우 : 실제 혈압보다 낮게 측정된다.
  - 혈압 측정 전 환자가 너무 흥분하거나 긴장한 경우 : 실제 혈압보다 높게 측정된다.

실습방법	
1	물과 비누로 손을 씻거나 손 소독제로 손 소독을 실시한다.
2	환자가 혈압을 측정하는 동안 긴장하거나 흥분하지 않도록 편안한 자세(엎드리거나 앉은 자세)를 취할 수 있도록 한다.
3	환자의 앞발허리뼈 뒤쪽 부위의 털을 깎아, 측정센서 끝이 혈압을 측정하고자 하는 부위와 밀착될 수 있도록 한다. 센서가 놓일 피부에 알코올 솜을 이용하여 적셔주기도 한다. 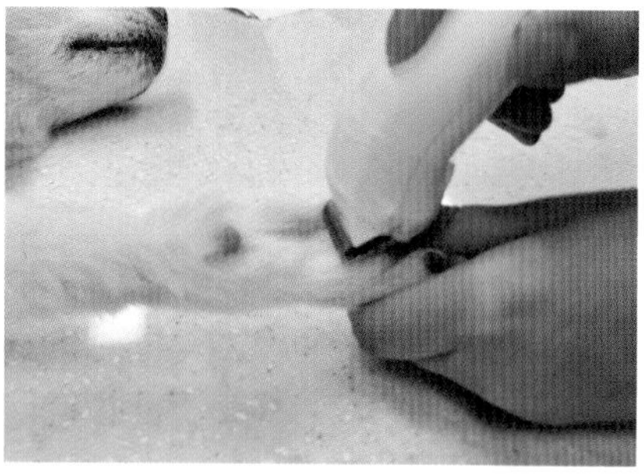 
4	혈압측정용 커프(cuff)가 위치할 환자의 다리(요골 중간) 둘레를 측정하고, 개는 커프 너비가 다리 둘레의 40%, 고양이는 30% 정도의 커프를 선택한다. 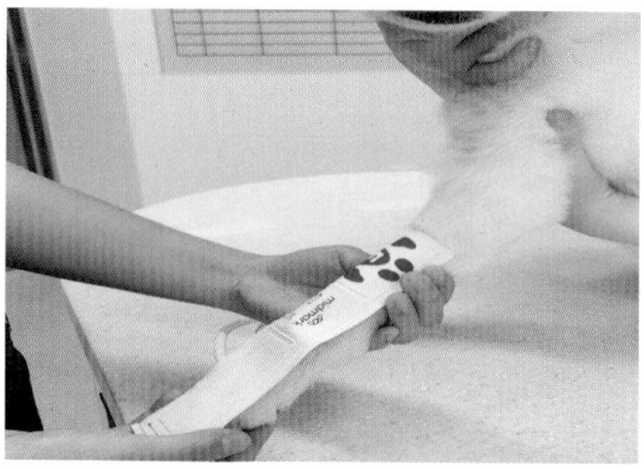
5	커프를 도플러 혈압계에 연결한다(혈압계의 눈금이 '0'에 있는지 확인한다). 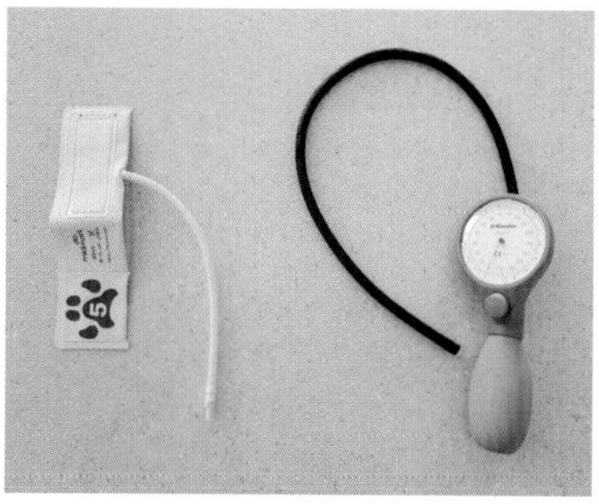 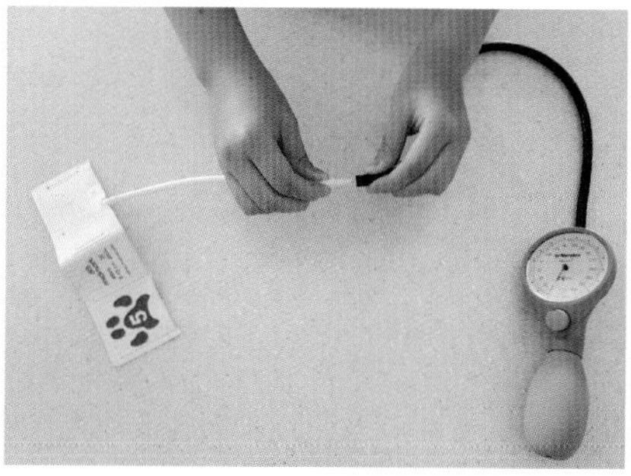

<table>
<tr>
<td>6</td>
<td>부풀리지 않은 커프로 다리를 감싼다. 커프를 장착한 다리의 위치가 심장과 같은 높이여야 하고 환자를 편안함을 유지할 수 있도록 해야 한다.

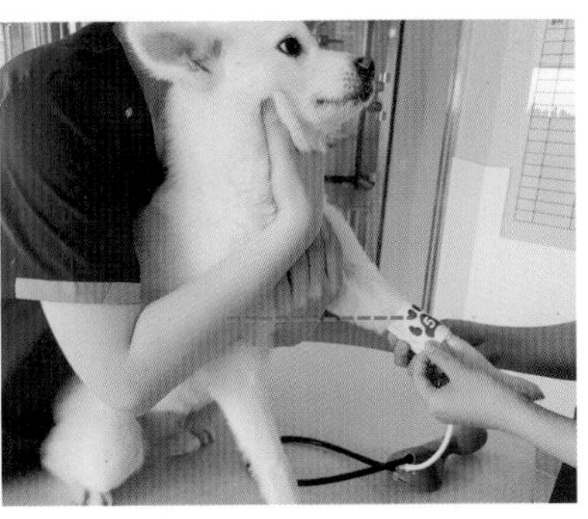
</td>
</tr>
<tr>
<td>7</td>
<td>도플러 혈압계의 볼륨이 꺼져 있는지 확인한다.

</td>
</tr>
<tr>
<td>8</td>
<td>도플러센서 끝의 오목한 표면에 초음파 젤을 바르고 센서를 측정하고자 하는 요골동맥(radial artery) 부위에 접촉시킨다.

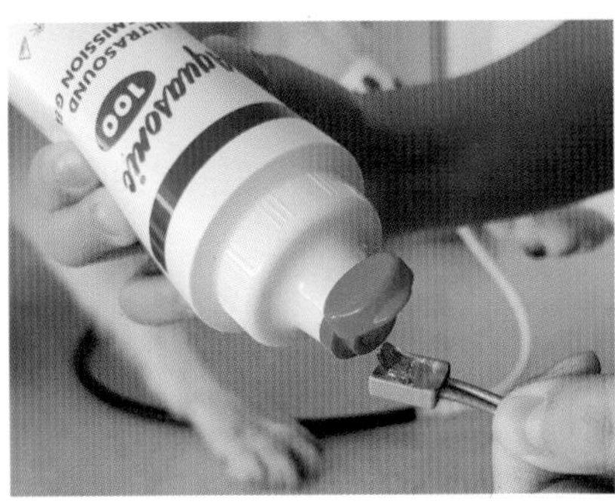
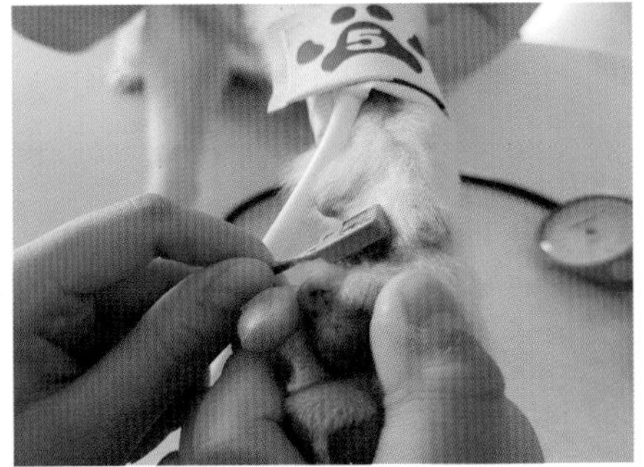
</td>
</tr>
<tr>
<td>9</td>
<td>도플러 혈압계를 켜고 볼륨을 천천히 올려(혈류 소리를 증폭시켜) 동맥의 혈류 흐름을 찾는다('쉬익~' 하는 혈류의 소리가 들리지 않는 경우 측정센서의 위치를 조금씩 이동시켜 혈류의 소리가 들리는 부위를 찾는다).</td>
</tr>
</table>

10	한 손으로 혈압계의 조절 밸브를 잠그고 커프를 부풀리면서(상완을 감싸고 있는 커프의 압력이 높아지면서) 맥박 소실 지점을 확인한 뒤 혈압계 눈금을 40mmHg 정도 더 올린다.  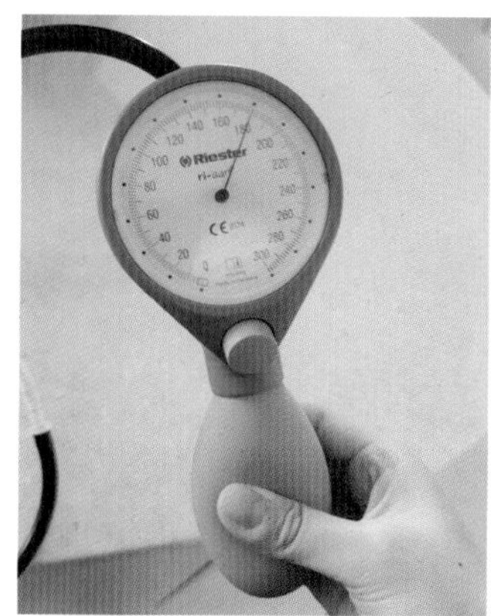
11	조절 밸브를 서서히 열어서 커프에서 천천히 공기압이 빠지도록 하면서 혈압계 눈금을 주시한다. 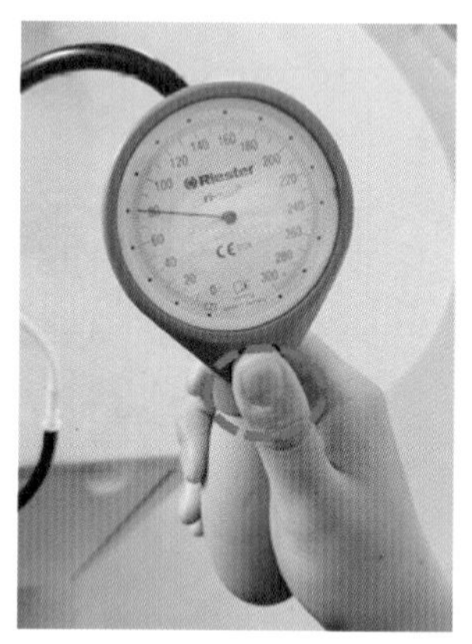
12	동맥의 혈류 흐름 소리가 다시 들릴 때가 수축기혈압(SAP)이다.
13	이 과정을 약 5번 반복하면서 측정값의 평균값(최고, 최저값은 제외)을 확인한다.
14	평균값을 낸 측정값을 환자기록지에 기록한다.

실습일지

실습날짜	년 월 일	실습장소	
실습준비물			
실습내용			

실습 내용 정리

CRT(모세혈관재충만시간) 평가하기

알기 쉬운 동물보건내과학 실습지침서

학습목표

- CRT(capillary refill time)를 정확하게 측정할 수 있다.
- CRT가 정상범위 내에 있는지 확인하고 측정결과를 정확하게 기록할 수 있다.

실습준비물

- 실습견 또는 실습 모형

실습 관련 이론

- 모세혈관재충만시간(capillary refill time, CRT)이란?
  - 혈액량과 혈액순환 상태를 평가하는 빠르고 유용한 방법이다.
  - 환자의 잇몸을 손가락 끝으로 하얗게 되도록 누른 후에 정상 색으로 돌아오는데 걸리는 시간을 측정한다.
  - 정상 범위 : 1~2초
  - 일반적으로 탈수된 동물은 순환하는 혈액량의 감소로 인해 CRT가 지연된다.

- 잇몸 점막색(mucus membrane color)
  - 습윤한 옅은 핑크색
  - 잇몸이 창백하면 빈혈, 청색증은 호흡 곤란 등이 나타날 수 있고, 황색의 경우 간질환이나 용혈성 빈혈을 나타낼 수 있다.

실습방법	
1	물과 비누로 손을 씻는다.
2	한쪽 손으로 동물환자의 윗입술을 살짝 들어올려 잇몸 색깔, 습윤 상태 등을 확인한다. 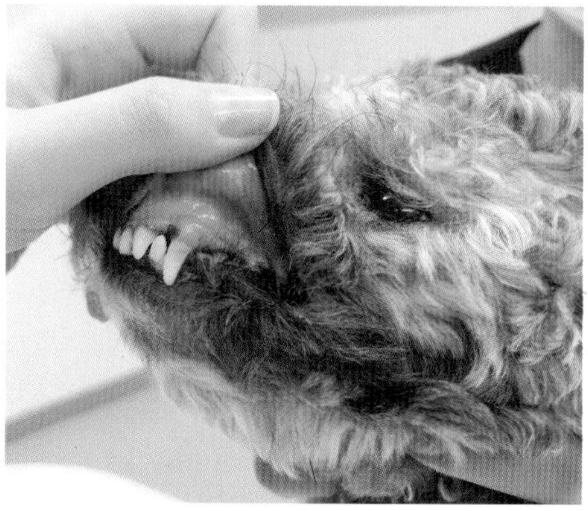
3	다른 손 엄지손가락으로 노출된 잇몸을 부드럽게 누른다. 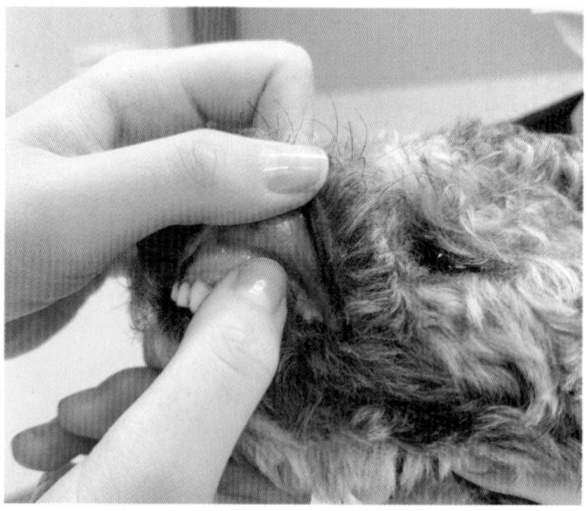
4	손가락을 들어올려 잇몸의 색깔이 다시 분홍색으로 돌아오기까지 걸리는 시간을 측정한다.
5	측정 결과를 환자기록지에 기록한다.

실습일지

실습날짜	년 월 일	실습장소	
실습준비물			
실습내용			

실습 내용 정리

예방접종 보조하기

알기 쉬운 동물보건내과학 실습지침서

학습목표

- 동물환자의 예방접종에 필요한 물품을 준비할 수 있다.
- 예방접종 준비 과정을 이해하고 원활한 진료보조를 할 수 있다.

실습준비물

- 실습견 또는 실습 모형

- 백신

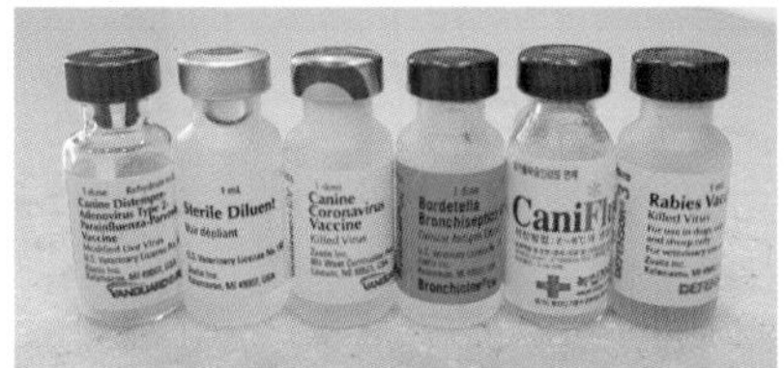

- 주사기

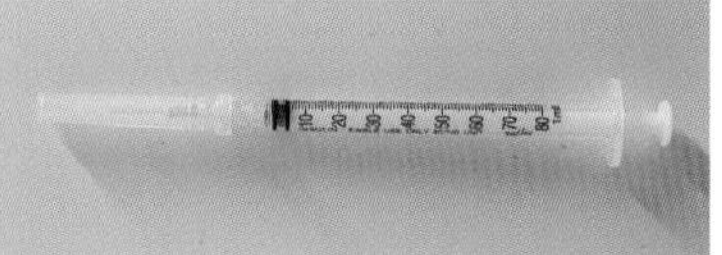

- 접종수첩
- 쟁반(tray)

실습 관련 이론

항체가검사 : 백신에 대한 항체 형성 여부를 확인하는 검사로 동물의 혈액을 소량 채취하여 전용 키트 검사를 거쳐 나오는 색상을 결과값으로 도출한다.

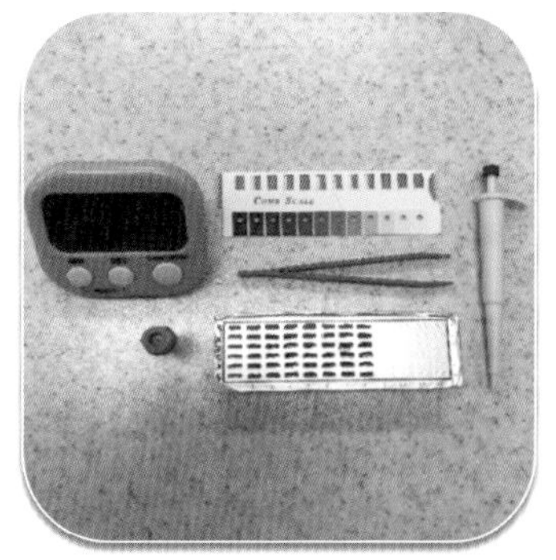

혈액, 타이머, 항체가키트를 준비한다.

냉장보관된 항체가키트를 뜨거운 물로 데우거나 상온에 20분 동안 방치하여 녹인다.

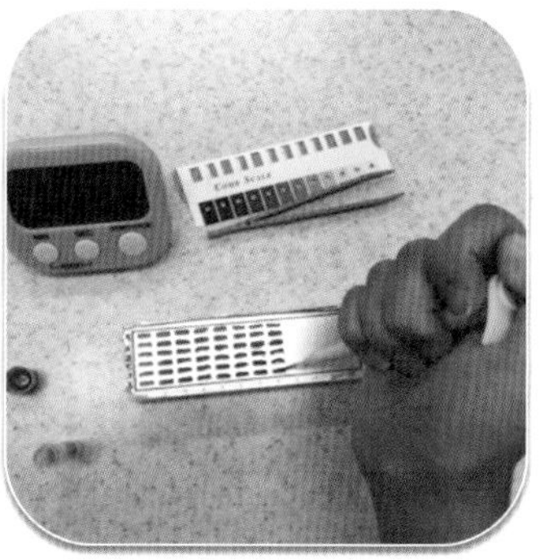

드롭퍼를 이용하고 첫 번째 칸에 혈액 3~4방울을 넣고 스틱으로 섞어준 뒤 타이머를 스타트한다.

아래에서부터 5, 2, 5, 2, 2, 5분 간격으로 올라갔다가 다시 밑으로 한 칸 내려와 2분을 더 기다린다.

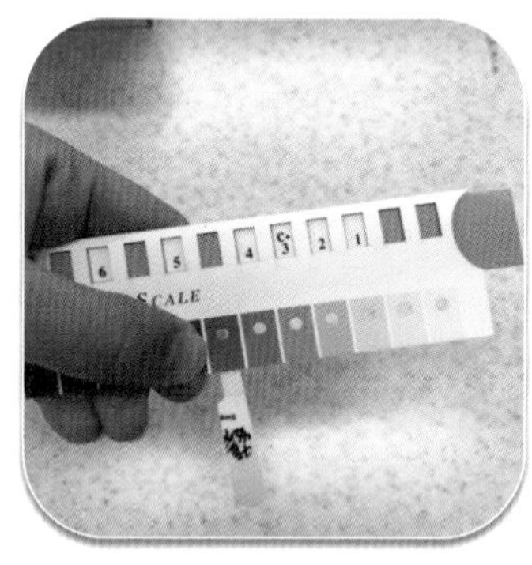

4칸 중 제일 위 칸을 기준점(C+)으로 나머지 칸의 색을 확인한다.

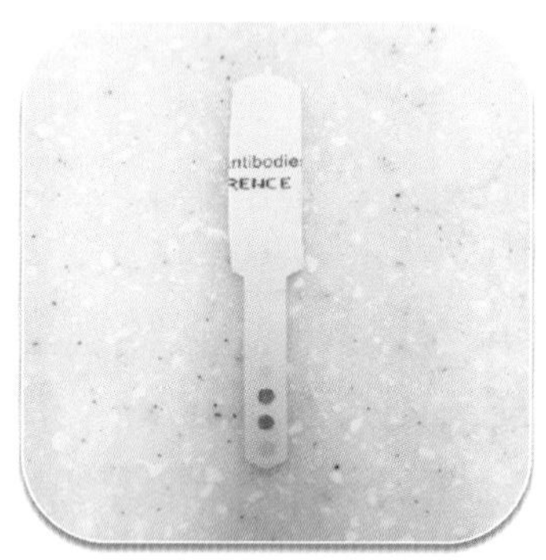

차트에 항체검사 결과 및 사진을 기재하여 올린다.

실습방법	
1	손을 씻는다.
2	동물환자의 신체검사를 보조한다.
3	백신을 주사기에 흡인하여 준비한다 : 백신 내용물은 액체로 된 것의 경우 주사기로 흡인할 때 액체 전량을 흡인하도록 해야 하고 백신 내용물이 분말과 액체로 나뉘어져 있는 경우 분말이 들어있는 앰플에 액체를 주입해서 분말을 완전히 녹인 후 주사기로 흡인한다. ㉠ 액체가 든 바이알과 분말이 든 바이알로 구성된 종합백신과 멸균된 주사기를 준비한다. ㉡ 액체가 든 바이알의 뚜껑을 벗기고, 바이알에 든 주사용수를 모두 주사기로 뽑는다. ㉢ 분말이 든 바이알에 주사용수가 든 주사기를 바이알 정중앙에 일직선으로 삽입하여 주사용수를 주입한다. ㉣ 바이알을 천천히 흔들어 분말약을 녹인다. ㉤ 바이알에서 희석용액을 모두 뽑는다. ㉥ 주사기를 수직으로 들고 공기를 위쪽으로 천천히 올려 공기를 제거한다. 이때 약물이 소실되지 않도록 주의한다.
4	준비된 백신을 수의사가 주사할 수 있도록 동물환자를 잘 잡는다.
5	예방접종 기록서를 작성을 보조한다. ※ 동물 종류, 품종, 이름, 성별, 나이, 중성화수술 여부 보호자 이름과 연락처, 주소 백신 종류, 제조번호, 접종일, 다음 접종예정일 등을 기록한다.
6	보호자에게 주의사항을 설명한 후 다음 접종일을 확인한다.

실습일지

실습날짜	년　　월　　일	실습장소	
실습준비물			
실습내용			

실습 내용 정리

환자의 영양관리

학습목표
• 입원환자의 영양 상태를 평가할 수 있다. • 입원환자에게 원활한 영양공급이 이루어질 수 있도록 여러 가지 급여방법을 익힌다.

실습준비물	
• 실습견 또는 실습 모형	
• 사료	• 물

실습 관련 이론

• 입원 환자의 영양관리 : 환자의 영양 섭취가 불충분하면 신체 전반의 컨디션, 면역력이 저하되어 질병의 진행 또는 발전할 수 있다. 환자가 조직 회복과 적절한 면역기능 유지를 위해서는 필수 영양소 공급이 필요하며 이는 임상증상의 개선, 입원·치료기간의 감소를 야기한다.

• 영양분의 급여 경로에는 경구과 비경구 투여가 있는데, 비경구적인 영양분 공급은 경구적 영양 공급에 비해 담낭, 위장관의 위축을 감소시킨다.

장관(enteral)	위장관을 통해서 음식이나 약물을 공급하는 것
비경구(paraenteral; PN)	위장관을 통하지 않고 음식이나 약물을 공급하는 것 예) 정맥주사

실습방법	
1	손을 씻는다.
2	***(손으로 사료먹이기)*** 기호성이 좋은 음식을 선택한다(집에서 평소 먹는 음식을 가져오는 것이 사료 섭취에 도움이 되며 음식을 따뜻하게 데우면 기호성이 증가할 수 있다).
3	동물환자가 편안한 상태에서 손으로 먹이를 주어 음식물 섭취율을 증가시킨다. 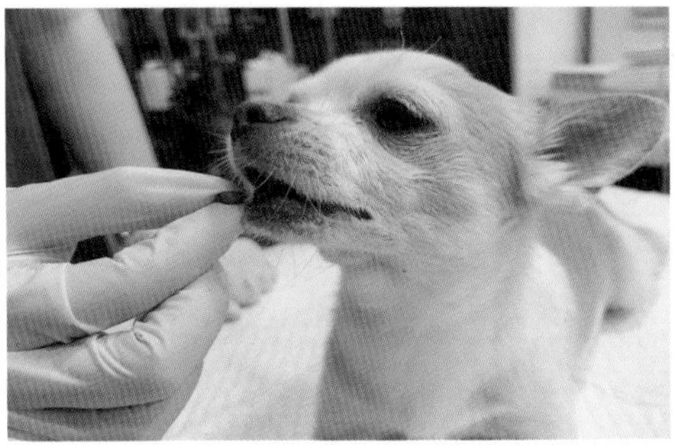
4	***(빈주사기를 사용하여 사료먹이기)*** 음식물에 물을 혼합하여 섞어 액상 형태로 만든다.
5	액상 사료를 바늘이 제거된 빈 주사기로 흡인하여 준비한다.
6	바닥이 미끄럽지 않은 테이블에 동물환자를 앉히거나 보조자가 환자를 잡아 준다.
7	한 손으로 환자의 입술을 살짝 잡아 올린 후 다른 손으로 주사기를 환자의 송곳니와 어금니 사이 공간을 통해 구강 내로 넣은 후 천천히 음식물을 넣어준다. 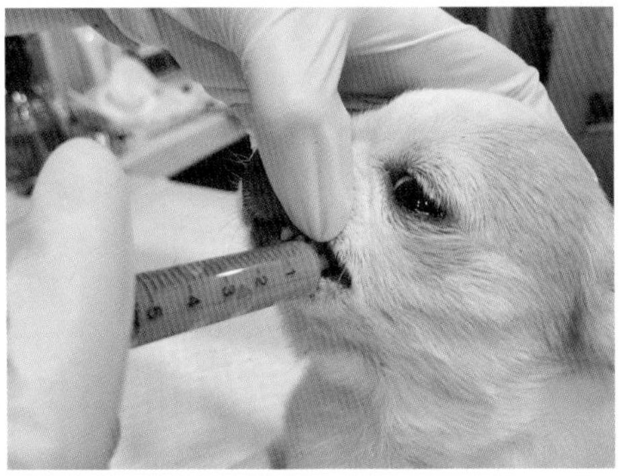 너무 빨리 주사기로 주입하면 음식물이 입 밖으로 흘러나오거나 환자가 제대로 삼키지 못하고 오연될 수 있다.

실습일지

실습날짜	년 월 일	실습장소	
실습준비물			
실습내용			

실습 내용 정리

경구 투약하기

학습목표
• 경구 투약을 준비할 수 있다. • 경구 투약을 정확하게 수행할 수 있다. • 경구 투약 수행 후 관련 내용을 기록할 수 있다.

실습준비물	
• 실습견 또는 실습 모형	
• 약물	• 물

실습 관련 이론

- 동물환자에게 약물 투약 전 확인할 사항
  - 약물을 처방받은 동물환자가 맞는가?
  - 처방된 약물(right drug)이 맞는가?
  - 이 용량이 맞는가?
  - 투여 시기와 횟수는 맞는가?
  - 경구 투약 후 기록하였는가?
- 경구 투약이 금기되는 경우
  - 연하곤란 환자
  - 무의식 환자
  - 지속적인 구토 환자
  - 구강 수술 또는 외상 환자
- 고양이 환자에게 경구 투약할 경우 주의사항

  개와 달리, 고양이는 원위 식도가 평활근(smooth muscle)으로 이루어져 있다. 이러한 해부학적인 차이는 고양이의 원위 식도에 경구 약물이 '붙어' 염증이나 궤양을 일으켜 식도 손상을 입기 쉽도록 한다. 따라서 고양이에게 경구용 약물을 투여할 때 알약이나 캡슐이 식도 하부에 달라붙어 자극을 유발하지 않도록 약물을 먹인 후 소량의 물로 씻어내는 것이 도움이 된다.

실습방법	
1	손을 씻는다.
2	*(반죽 형태로 투약하기)* 처방된 가루약에 약간의 물을 섞어 반죽 상태로 만든다. 이때 반죽의 정도는 손가락으로 건져 올린 때 흘러내리지 않아야 한다.
3	동물환자의 등이 방 모서리를 향하도록 앉게 하고(투약할 때 환자가 투약 행위가 싫어서 뒤로 물러나지 못하게 하기 위함) 실습생은 환자와 마주보고 앉거나 실습생 외 보조자가 동물환자를 잡아 준다.
4	한 손으로 환자의 입술을 살짝 잡아 올린 후 다른 손으로 약물 반죽을 잇몸에 발라준다. 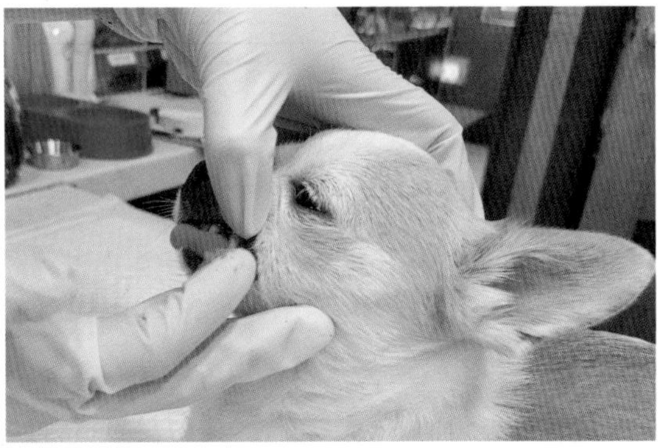
5	*(알약 경구 투약하기)* 바닥이 미끄럽지 않은 테이블에 동물환자를 앉히거나 보조자가 환자를 잡아 준다.
6	왼손으로 환자의 주둥이 위에 얹고 엄지와 다른 손가락으로 위턱뼈(maxilla)를 들어 올려 입을 벌리게 만든다.
7	오른손으로 알약을 잡고(보통 첫 번째와 두 번째 손가락으로 알약을 잡음) 환자의 혀 뒤쪽으로 알약을 밀어넣는다. 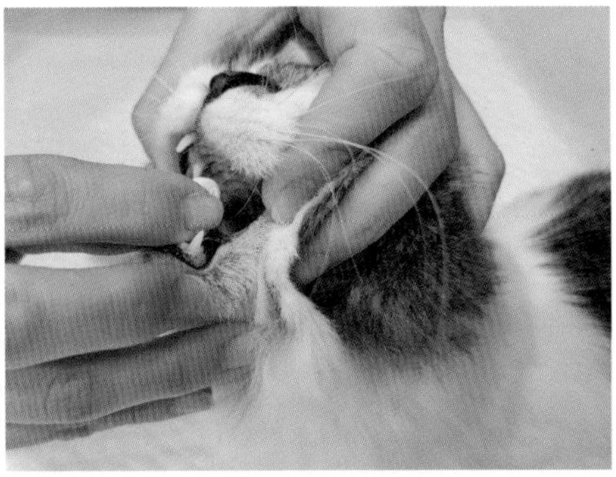

8	투약 즉시 입을 닫아 약을 삼킬 때까지 기다린다.
9	***(빈주사기를 사용하여 경구 투약하기)*** 가루약에 물 1~2ml을 혼합하여 섞는다.
10	잘 녹인 약물을 바늘이 제거된 빈 주사기로 흡인하여 준비한다.
11	바닥이 미끄럽지 않은 테이블에 동물환자를 앉히거나 보조자가 환자를 잡아 준다.
12	한 손으로 환자의 입술을 살짝 잡아 올린 후 다른 손으로 주사기를 환자의 송곳니와 어금니 사이 공간을 통해 구강 내로 넣은 후 천천히 투약한다. 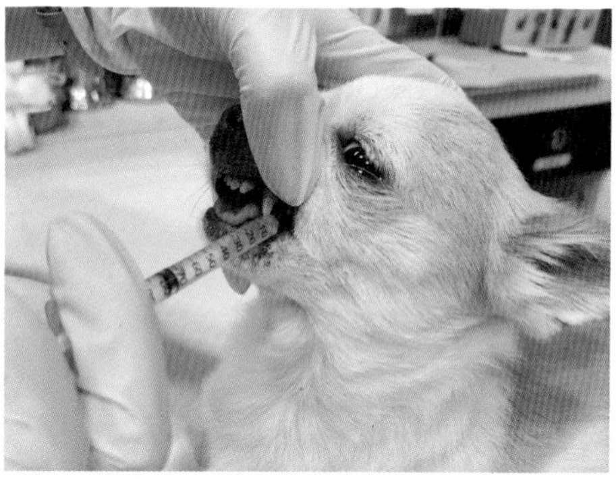 너무 빨리 주사기로 주입하면 약물이 입 밖으로 흘러나오거나 환자가 제대로 삼키지 못하고 기침을 할 수 있다.

실습일지

실습날짜	년 월 일	실습장소	
실습준비물			
실습내용			

실습 내용 정리

귀약 넣기

알기 쉬운 동물보건내과학 실습지침서

학습목표

- 동물환자 귀약 넣기를 정확하게 수행할 수 있다.
- 투약 후 관련 내용을 기록할 수 있다.

실습준비물

- 실습견 또는 실습 모형

- 귀약

귀지 용해제	귀세정제/건조제	살균제/향균제
• 귀지와 고름 삼출물을 유화시킴 • 고막이 파열된 경우 계면활성제, 세정제 등의 사용을 금지	• 귀 세척 후 사용 • 수영이나 목욕 후 귀에 염증이 생기지 않도록 유지 관리용	• 감염을 치료하기 위해

실습 관련 이론

- 귀는 외이, 중이, 내이로 구성 : 외이는 "L"자 모양이고 귀지와 다른 분비물들이 축적될 수 있다.

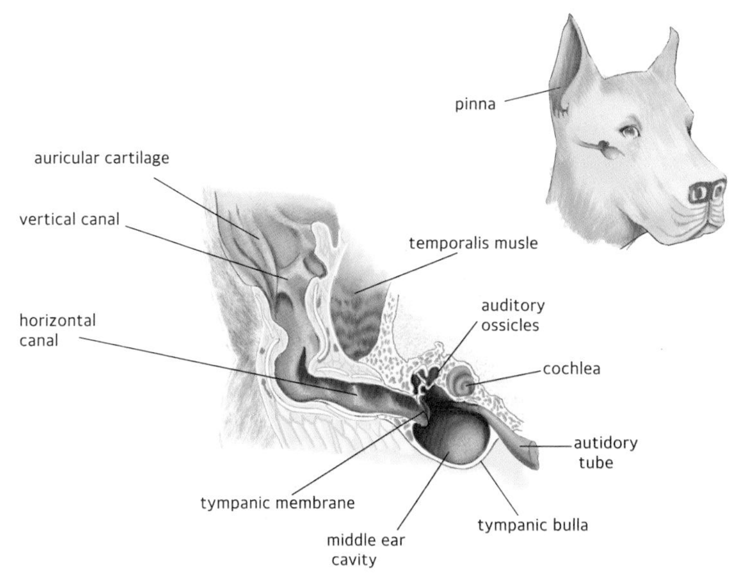

- 귀 질환을 예방하기 위해 세정제를 이용하여 귀청소를 해주거나 귀 치료를 위해 약물을 귀에 투여하기도 한다.
- 귀청소(ear cleaning) : 검사전 귀에 찌꺼기와 삼출물이 많은 경우 귀 청소(또는 세척)를 해야 한다. 이도 내의 찌꺼기는 자극원이 되거나 병원체의 둥지 역할을 할 수도 있고 약물이 이도 상피에 접촉하지 못하게 하거나, 약물의 작용을 감소시킬 수 있으므로 귀에 약물을 적용하기 전 귀 청소를 할 수 있다.
  ① 한 손으로 부드럽지만 단단하게 동물의 한쪽 귓바퀴를 잡은 상태에서 다른 손으로 귀지용해성 세정제를 넣는다(고막 파열이 의심되는 경우, 따뜻한 생리식염수를 이도에 주입하여 큰 덩어리와 삼출물을 씻어 낸다).
  ② 계속해서 한 손으로 귓바퀴를 수직으로 세우고 다른 손으로 귓구멍 아래 귀 밑 부분을 약 30초 동안 부드럽게 마사지한다.
  ③ 귓바퀴를 잡고 있는 상태에서 면봉이나 포셉으로 잡은 솜을 이용해서 귓바퀴 안쪽 부분과 외이도 내 찌꺼기나 삼출물을 닦아낸다.

실습방법	
1	물과 비누로 손을 씻거나 손 소독제로 손소독을 실시한다.
2	처방받은 귀약을 준비하고, 동물환자를 확인한다.
3	실습생A : 한쪽 손으로 환자의 머리를 실습생 몸에 밀착시켜 환자의 움직임을 제한한다. 반대쪽 손으로 환자 몸통을 잡고 움직이지 못하도록 한다. 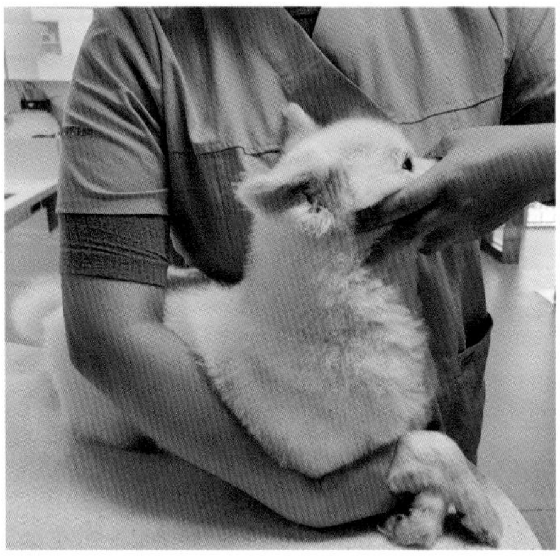 실습생B : 실습생A의 반대편에 서서 가까운 쪽 귀에 약을 넣는다.
4	실습생B : 귀약이나 연고를 바르는 기구를 이용하여, 귀의 수직 이도에 귀약을 도포하고 문질러서 짜낸다.
5	실습생B : 귀를 부드럽게 마사지하여 약물이 잘 도포되도록 한다.
6	귀약 넣기에 대한 내용을 환자기록지에 기록한다.

실습일지

실습날짜	년 월 일	실습장소	
실습준비물			
실습내용			

실습 내용 정리

앰플 약물 준비하기

학습목표
• 처방된 앰플 약물을 안정하게 준비할 수 있다. • 처방된 약물 용량이 맞는지 용량을 계산하여 약물을 준비할 수 있다. • 동물환자에게 처방된 약물을 정확하게 기록할 수 있다.

실습준비물	
• 앰플 약물 	• 주사기 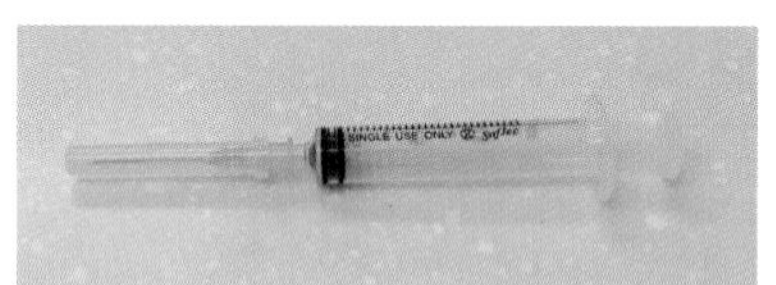
• 손상성 폐기물 전용용기 	• 일반 의료폐기물 전용용기  

실습 관련 이론

- 앰플(ampule)은 용기 전체가 유리나 플라스틱으로 된 것으로 가운데가 잘록하게 되어 있다. 어떤 앰플은 잘록한 부위에 착색되어 있거나 선이 그려져 있다.
- 앰플을 자르기 전에 앰플의 윗부분에 약물이 들어있는지 확인 후 손끝으로 윗부분을 톡톡 쳐서 약물이 아래로 완전히 모이게 한 후 앰플을 잘라 약물이 소실되지 않도록 한다.

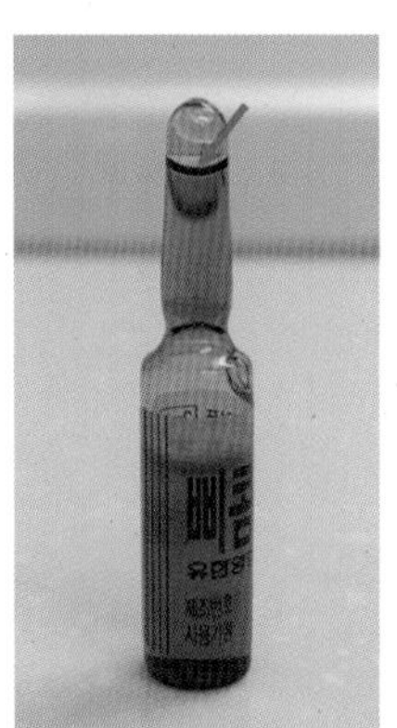
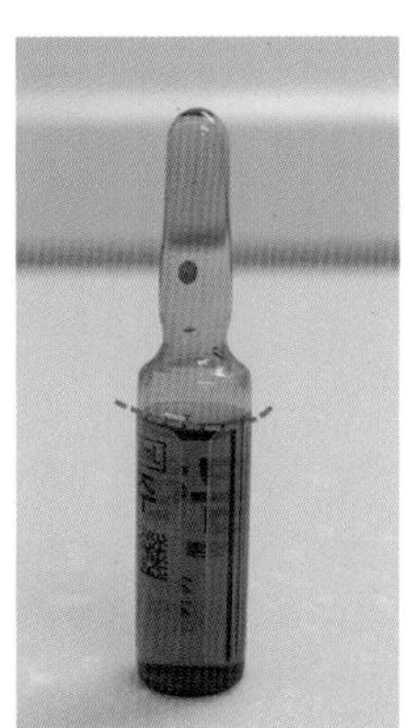

- 앰플 절단면이 깨끗하지 않아 유리 파편이 많이 발생할 수 있는 경우나 육안으로 확인되는 유리 파편이 있다면 약물을 사용하지 않는다.

실습방법	
1	물과 비누로 손을 씻는다.
2	처방받은 앰플과 주사기를 준비한다.
3	앰플의 목 주변을 가볍게 두드려 앰플 위쪽에 있는 약물이 앰플의 목 아래로 완전히 내려가게 한다(앰플 내 약물의 전체 용량이 앰플의 목 아래로 내려가 있어야 전체 용량을 사용할 수 있다).
4	앰플을 개봉한다: ㉠ 왼손으로 앰플의 몸통을 잡는다. ㉡ 오른손으로 앰플의 윗부분(머리부분)을 거즈로 감싸서 잡는다. ㉢ 앰플의 윗부분이 실습생을 향하도록 하여 빠르게 앰플의 목부분을 꺾는다(앰플의 윗부분이 실습생을 향하도록 앰플을 꺾어야 유리조각이 실습생에게 튀는 것을 방지할 수 있다).
5	앰플의 윗부분은 손상성 폐기물 전용용기에 버린다.
6	왼손으로 앰플을 잡고, 오른손으로 주사기를 잡아 약물을 뽑아낸다.
7	주사기 안에 공기가 들어갔다면, 바늘을 위로 향하게 하여 공기를 제거한다.
8	바늘 뚜껑을 닫아 처치할 수 있도록 준비한다.
9	동물환자에게 처방된 약물을 환자기록지에 기록한다.

실습일지

실습날짜	년 월 일	실습장소	
실습준비물			
실습내용			

실습 내용 정리

수액처치 준비하기

학습목표
• 수액처치에 필요한 물품을 준비할 수 있다. • 수액처치를 위한 보조업무를 정확하게 수행할 수 있다. • 수액처치에 대한 내용을 정확하게 기록할 수 있다.

실습준비물	
• 실습견 또는 실습 모형	
• 수액백	• 수액세트(20drops, 60drops)
• 수액걸대 또는 수액 주입펌프	

실습 관련 이론
• 수액투여 경로 ① 피하 투여 ② 정맥 투여 - 정맥 내 카테터(IV catheter)를 이용해 다량의 수액을 장시간 투여할 수 있다. - 혈관 내 장착된 정맥 내 카테터는 3일마다 교체한다. - 주로 요골쪽피부정맥에서 실시한다(목정맥, 넙다리정맥…). - 흡수 속도가 빠르고 필요한 양을 정확하게 지속적으로 투여 가능하다. - 고장액 등의 투여가 가능하다. - 정맥 내 카테터가 잘 유지되도록 관리가 필요(오염 주의)하다. - 공기색전, 혈전, 정맥염 등이 발생하지 않도록 주의한다. - 정맥 내 카테터는 16G~30G(gauge)까지 크기가 다양 : 바늘의 게이지 숫자가 클수록 바늘의 직경이 작아진다.

Gauge	Color code	Ext. diameter(mm)	Length(mm)
18G	green	1.3	30
22G	blue	0.9	25
24G	yellow	0.7	19
26G	purple	0.6	19

③ 골수내 투여

실습방법	
1	물과 비누로 손을 씻는다.
2	*(수액백과 수액세트 연결하기)* 수액백의 포장지를 뜯고 수액걸대에 건다.
3	수액세트의 포장지를 벗기고 유량조절기를 5~10cm 아래로 내린 다음 조절기를 잠근다(수액세트 내 유량조절기는 열린 상태로 포장되어 있어 수액백을 바로 연결하면 수액이 바로 흘러나오므로 유량조절기를 먼저 잠궈야 한다). 〈열린 상태〉 〈잠긴 상태〉
	※ 유량조절기 : 조절기 롤러(roller)를 위로 올리면 수액줄이 열려 수액이 내려오고, 아래로 내리면 수액줄이 닫혀서 수액이 흐르지 않음

4	수액백의 주입구 커버를 뜯어낸 다음, 수액세트 끝의 도입침 보호덮개를 제거하고 수액백 주입구로 밀어넣는다. 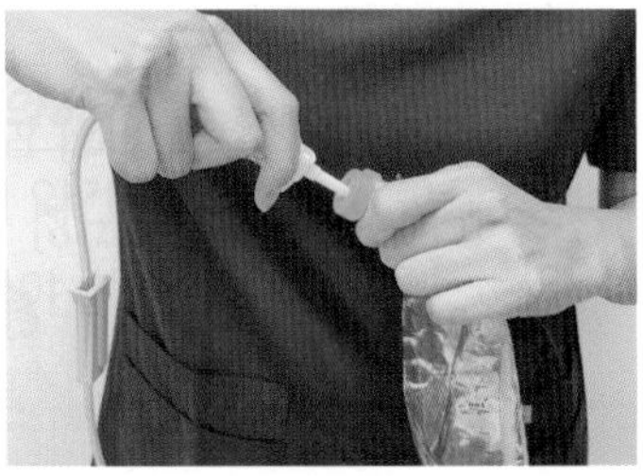 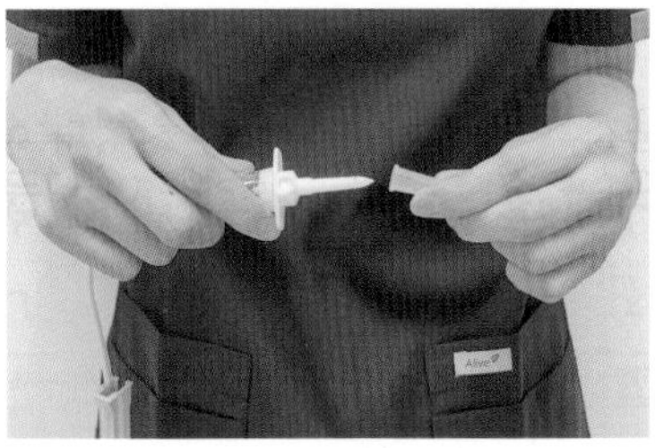
5	점적통을 2~3회 가볍게 눌러 점적통에 1/2~2/3 정도 수액을 채운다. 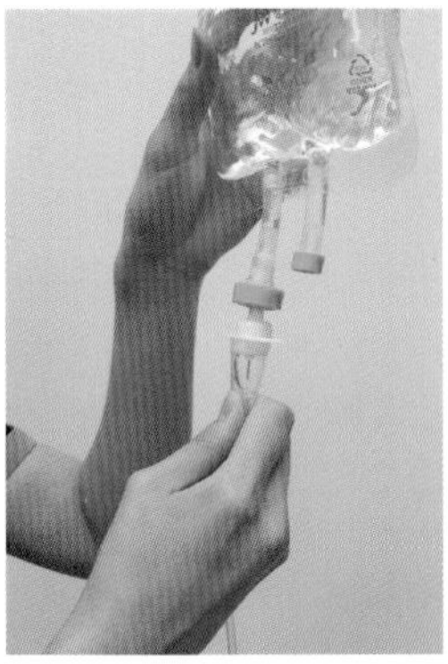
6	천천히 유량조절기를 열어 수액줄에 수액을 채운다. 수액줄 안에 공기 방울이 남아있다면 수액줄을 가볍게 손가락으로 튕겨 공기가 위로 올라가게 하여 공기를 제거한다. 수액이 다 채워지면 조절기를 잠근다.
7	수액세트의 연결관을 말초 정맥카테터에 연결한다.
8	필요하다면, 수액백에 수액의 종류와 첨가물, 수액처치한 날짜 등을 라벨링한다.
9	***(주입펌프를 이용한 수액처치 보조하기)*** 수액 주입펌프를 수액걸대에 달고 주입펌프의 문을 연다.
10	수액줄이 꼬이지 않도록 하면서 펌프 내 설정된 위치에 바르게 끼우고 문을 닫는다. 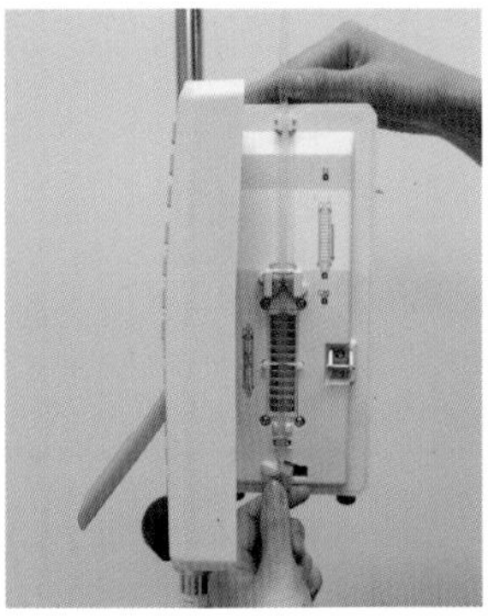 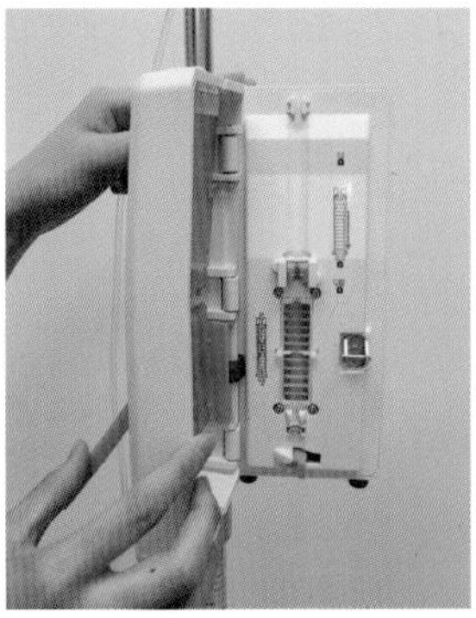 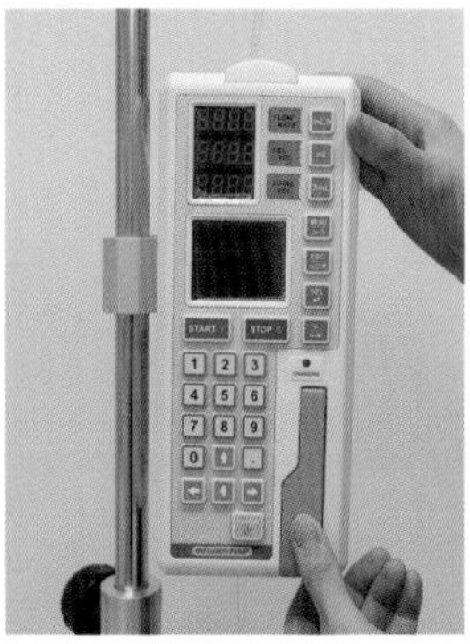

11	수액세트의 유량조절기를 끝까지 연다.
12	주입속도 설정 버튼을 누르고 동물환자에 맞는 주입속도를 입력한다.
13	시작 버튼을 눌러 수액처치를 시작한다.
14	수액처치 수행한 내용을 환자기록지에 기록한다.

실습일지

실습날짜	년 월 일	실습장소	
실습준비물			
실습내용			

실습 내용 정리

15 간이 혈당 검사하기

알기 쉬운 동물보건내과학 실습지침서

학습목표

- 혈당검사에 필요한 물품을 준비할 수 있다.
- 검사 부위를 선정하고 정확하게 혈당검사를 수행할 수 있다.
- 혈당검사 수행 후 측정결과를 정확하게 기록할 수 있다.

실습준비물

- 실습견 또는 실습 모형

- 간이 혈당측정기

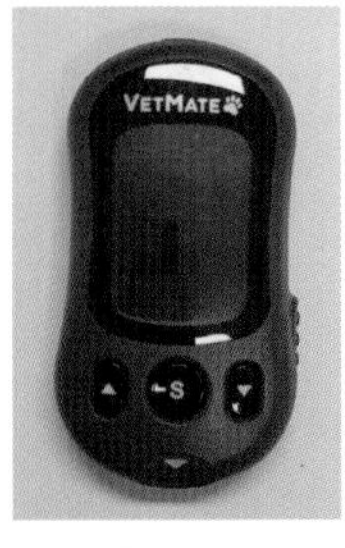

- 무균 란셋 또는 채혈용 주사기

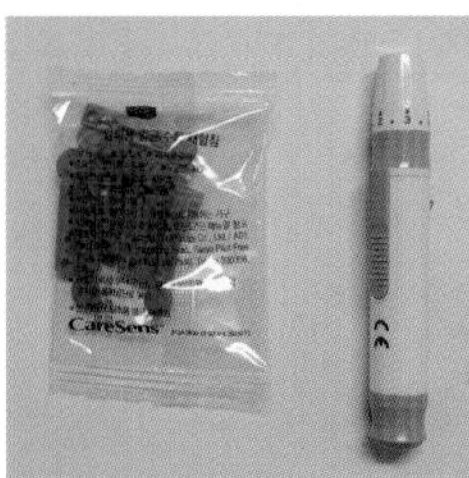

- 혈당검사 스트립

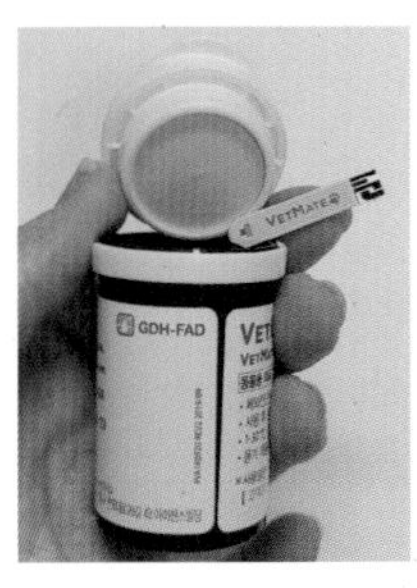

- 알코올 솜

실습 관련 이론

- 혈당검사의 정상 범위 : 70~118mg/dL

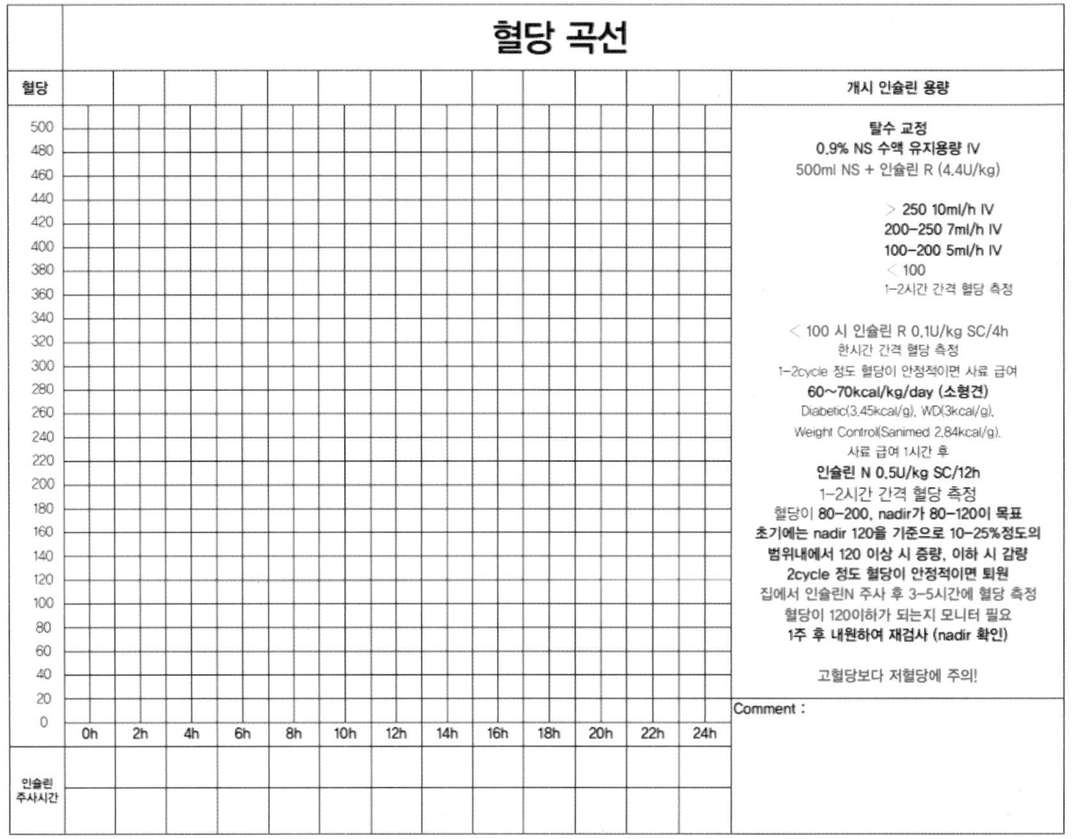

실습방법	
1	물과 비누로 손세척을 한다.
2	간이 혈당검사에 필요한 물품을 준비한다.
3	환자 상황에 따라 검사 부위(귀 또는 발 끝)를 선택한다. 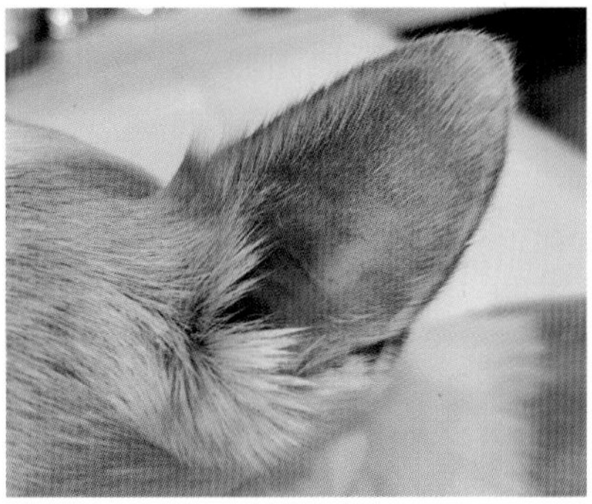 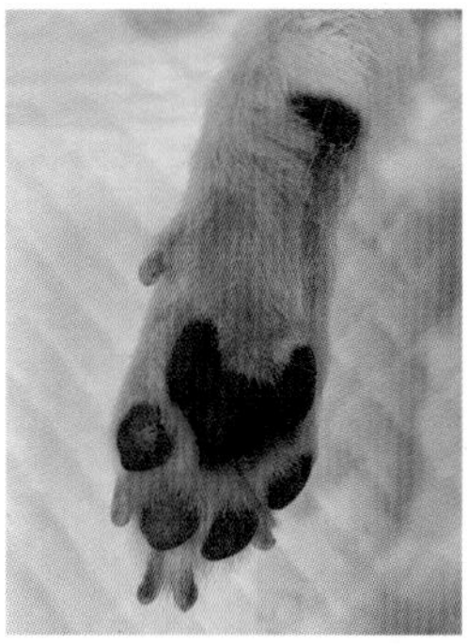
4	채혈하기 전 소독솜으로 피부를 소독한 후 말린다. 소독제가 마르기 전에 채혈침으로 피부를 천자하면 혈액과 소독제가 섞인 것을 혈당 스트립에 노출시킬 수 있다.
5	검사지를 꺼내 혈당측정기에 삽입한다. 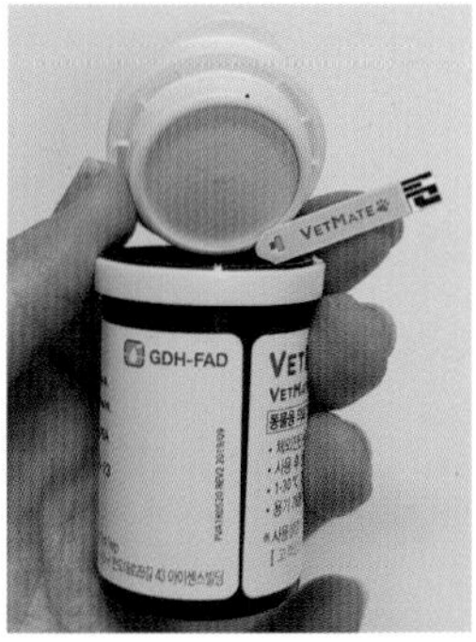 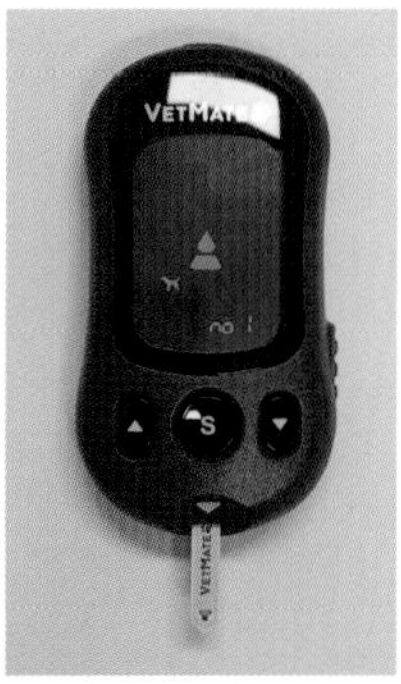 ※ 기계 종류에 따라 전원 작동 후 검사지를 삽입해야 할 수도 있다.

6	(측정기 화면에 혈액 방울 모양이 깜박거리는지 확인한 후) 검사 부위의 피부를 주사바늘 또는 란셋으로 찔러 혈액이 흘러나오게 한 다음 혈액 방울을 검사지에 묻힌다(실습생의 손가락이 바늘에 찔리지 않도록 주의한다). 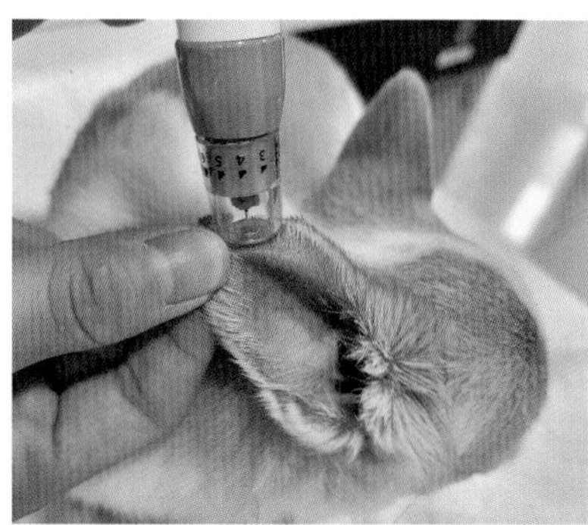 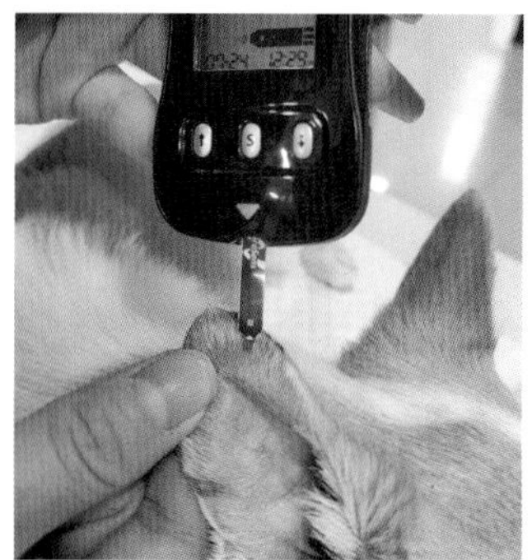 ※ 혈당 측정을 위해 귀 가장자리, 발 끝부분(metacarpal pad), 구강 점막 등을 사용할 수 있으며, 검사할 혈액은 짜내지 않고 흘러나온 혈액으로 검사를 수행하여야 정확한 검사결과를 얻을 수 있다. ※ 습기는 검사지를 변질시킬 수 있으므로 검사지를 꺼낸 후 뚜껑을 잘 닫아 습하지 않게 보관한다.
7	바늘에 찔린 피부는 소독솜으로 눌러 지혈한다.
8	혈당측정기 모니터에 나타난 결과를 확인하고 환자기록지에 기록한다.
9	사용한 물품들을 정리하고 의료폐기물을 적절하게 처리한다. 주사바늘 또는 채혈침은 손상성 폐기물 전용용기에 버리고 사용한 소독솜과 검사하고 난 검사지는 일반 의료폐기물 전용용기에 버린다.

실습일지

실습날짜	년 월 일	실습장소	
실습준비물			
실습내용			

실습 내용 정리

요카테터 장착하기 : 수컷

학습목표
• 요카테터 장착에 필요한 물품을 준비할 수 있다. • 요카테터 장착을 정확하게 수행할 수 있다. • 수행결과를 정확하게 기록할 수 있다.

실습준비물	
• 실습견 또는 실습 모형	
• 요카테터(foley catheter)	• 요수집 주머니(urine collection bag)
• 윤활제(멸균)	• 소독액
• 주사기	• 멸균장갑
• 쟁반(tray)	

실습 관련 이론

- 요카테터 장착의 목적
  - 요도 폐색 등으로 인한 배뇨곤란 환자에서 지속적인 배뇨를 위해
  - (정해진 시간) 요 배출량의 측정을 위해
  - 수술환자의 수술 부위의 오염 예방을 위해
  - 요 채취를 위해
  - 약물주입 또는 영상검사를 위한 조영제 주입을 위해

- 요카테터 제거하는 방법
  - 요카테터 장착 시와 같이 환자의 자세를 취한 뒤 빈 주사기를 이용해 balloon을 제거하고 카테터를 뒤로 잡아당겨 제거한다.

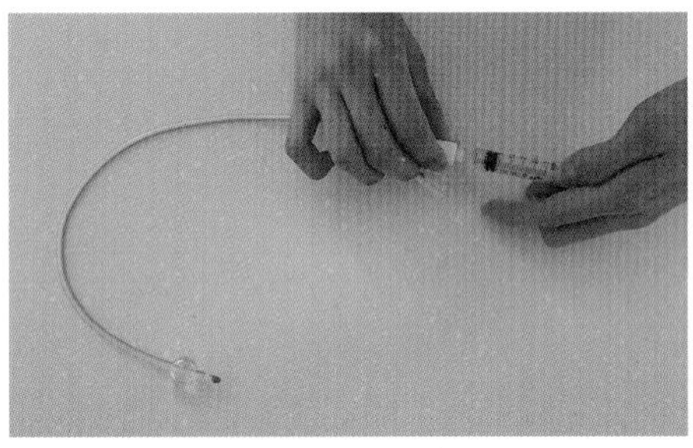

〈balloon이 부풀어 있을 때〉

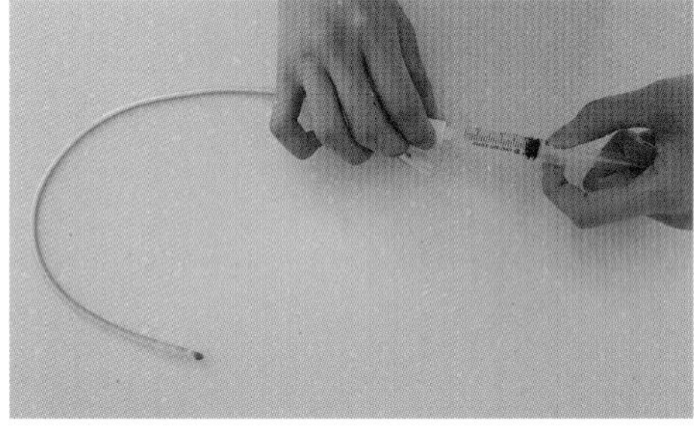

〈빈 주사기를 이용해 balloon을 제거했을 때〉

실습방법	
1	동물환자를 배횡와위(등쪽이 바닥에 닿도록 눕힘, dorsal recumbency) 또는 위측상(lateral recumbency)로 자세를 취한다.
2	일회용 장갑을 끼고 환자의 요도구 주위를 소독한다.
3	손을 소독하고 멸균장갑을 무균적으로 착용한다.
4	멸균된 요카테터 끝을 노출시키고 윤활제를 바른다.
5	한 손으로 환자의 포피를 뒤로 잡아당겨 음경을 노출시키고 요도카테터 끝을 요도 구멍 안으로 삽입한다. 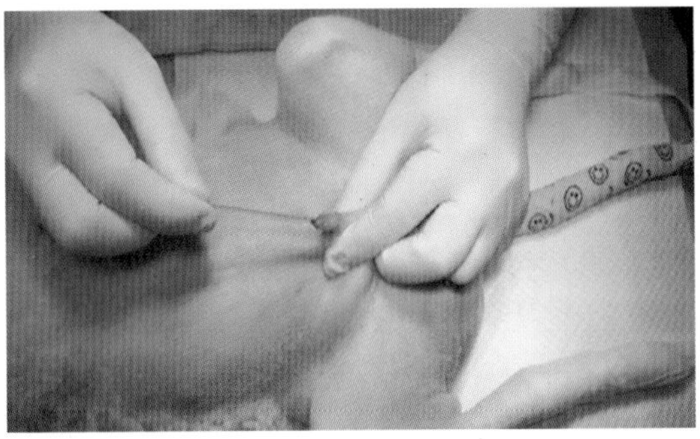
6	요도카테터로 오줌이 흘러나오는 것을 확인하고 2~4cm 정도 더 삽입함으로써 요카테터가 방광 내에 확실하게 위치하도록 한다.
7	카테터가 방광에서 빠지지 않도록 위치를 고정하기 위해 카테터의 풍선(balloon part) 주입구에 주사기를 연결하고 증류수를 주입하여 방광 내 카테터의 풍선(balloon)이 충분히 부풀도록 한다. 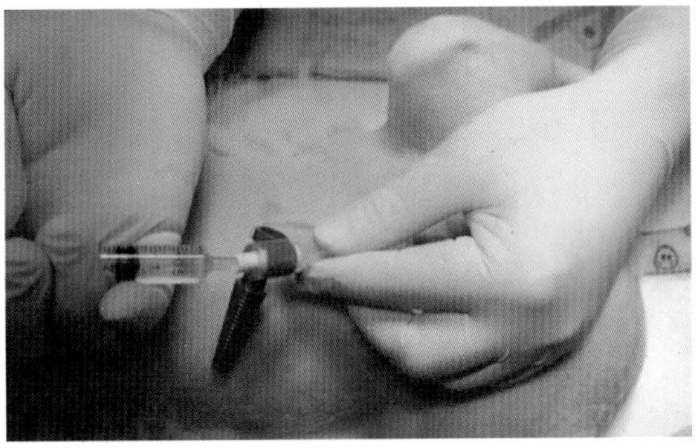
8	요카테터를 부드럽게 잡아당겨 카테터가 방광 안에 잘 고정되어 있음을 확인한다.
9	요수집 주머니(urine collection bag)과 잘 연결하여 오줌이 잘 나오는지 확인한다.
10	수행 결과를 환자기록지에 기록한다.

실습일지

실습날짜	년　　월　　일	실습장소	
실습준비물			
실습내용			

실습 내용 정리

관장

알기 쉬운 동물보건내과학 실습지침서

학습목표
• 관장에 필요한 물품을 준비할 수 있다. • 관장을 정확하게 수행할 수 있다. • 혈압 측정값이 정상범위 내에 있는지 확인하고 측정결과를 정확하게 기록할 수 있다.

실습준비물	
• 실습견 또는 실습 모형	
• 관장액	• (체온 수준으로)가온한 생리식염수
• 관장용 주사기	• 카테터 또는 직장 튜브
• 윤활제	• 일회용 장갑
• 흡수성 패드	

실습 관련 이론

- 대장은 복잡하고 가변적인 기관으로
  - 체액과 전해질의 균형 유지
  - 영양분의 흡수
  - 일시적인 배설물의 보관
  - 많은 수의 미생물들이 생존하는 공간이다.

- 직장 내 변의 정체는 변의 수분이 흡수되어 더 마르고 딱딱해져 항문으로 배출하기가 더 어려워진다. 장폐색(이물, 종양, 골반골절 등으로 인한)은 건조하고 딱딱한 배설물 덩어리를 배출할 수 없는 난치성 변비가 유발되므로 배변에 대한 간호·처치가 필요할 수 있으며 안전하고 효과적인 방법으로 직장 내에 용액을 주입하여 장을 팽창시키고, 점막벽을 자극하여 연동운동을 일으켜 배변할 수 있도록 한다.

실습방법

1	일회용 장갑을 낀다.
2	주사기 내관을 빼고 주사기 앞부분을 손으로 막은 상태에서 글리세린과 가온한 생리식염수를 1:1로 부어 관장액을 준비한다.
3	주사기 내관을 꽂고 공기를 뺀 다음 카테터의 끝부분을 개봉하여 주사기를 연결하고 공기를 빼준다(공기가 주입되면 복부 팽만을 유발할 수 있다).
4	카테터나 직장튜브 끝 부분에 윤활제를 바른다.
5	동물환자를 옆으로 누워 있는 자세(외측상, lateral recumbency)를 취한 다음 엉덩이 밑에 패드를 깐다. 잘록창자에서 용액이 중력에 의해 흐르도록 환자 몸통의 왼쪽이 바닥으로 가게끔 눕히는 것(Lt. lateral recumbency)이 좋다. ※ 관장 후 배변 활동이 수시로 배출되는 경우가 많아 동물환자의 털에 변이 묻을 수 있으므로 엉덩이 주위 털을 미리 깎아주거나 꼬리 털을 코반으로 감아 오염되지 않도록 주의한다. 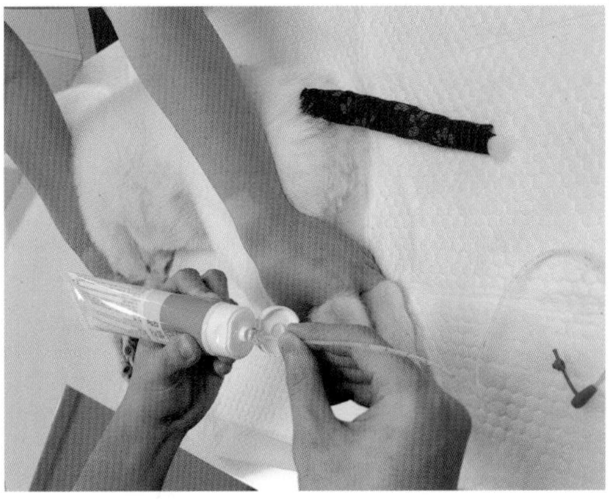

6	환자의 항문을 노출시켜 카테터나 직장튜브 끝을 5~10cm 정도 삽입한다.
7	카테터나 직장 튜브가 빠지지 않도록 위치를 고정한 상태에서 관장액을 천천히 주입힌다.
8	관장액을 전부 주입한 후 카테터나 직장튜브를 항문에서 빼낸다.
9	환자가 배변할 수 있도록 준비된 입원장에 넣고 배변 여부를 확인한다.
10	관장한 내용을 환자기록지에 기록한다.

실습일지

실습날짜	년 월 일	실습장소	
실습준비물			
실습내용			

실습 내용 정리

산소처치 보조하기

알기 쉬운 동물보건내과학 실습지침서

학습목표
• 산소처치에 필요한 물품을 준비할 수 있다. • 산소처치를 동물환자에 맞게 수행할 수 있다. • 산소공급에 대한 내용을 정확하게 기록할 수 있다.

실습준비물
• 실습견 또는 실습 모형
• 산소전달기구(oxygen collar, Elizabeth collar과 비닐랩)
• 산소발생기
• 산소튜브
• 멸균증류수
• 가습용기, 유속기 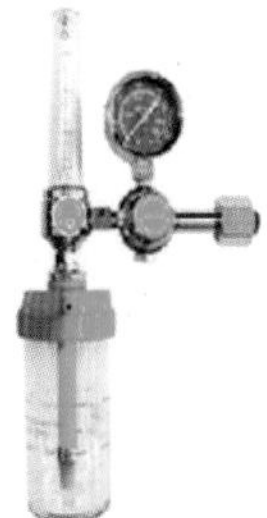

실습 관련 이론

- 산소 공급은 중증 환자에게 일상적으로 실시되는 처치로 흡인 산소비율을 높여 동물환자의 동맥 내 산소 함량(CaO_2)을 증가시켜고 조직 내 산소 운반량을 증가시키는 치료이다.
  저산소증 환자의 임상증상으로는
  - 호흡곤란
  - 빈호흡
  - 청색증 등이 있다.
- 산소 공급은 환자의 PaO_2가 80-120mmHg(SaO_2를 95% 이상) 사이로 유지될 수 있도록 하며, 중환자 상태가 적절하게 안정될 때까지 실시해야 한다.
- 산소 공급 방법
  - 산소 케이지 사용 : 스트레스 없이, 비침습적으로 환자에게 산소를 공급하는 방법

  - Flow-by oxygen : 가장 단순한 산소 투여법, 산소 가스를 환자 입과 코를 향해 틀어주는 방법

  - Oxygen mask : flow-by oxygen보다 더 높은 FiO_2의 산소를 공급

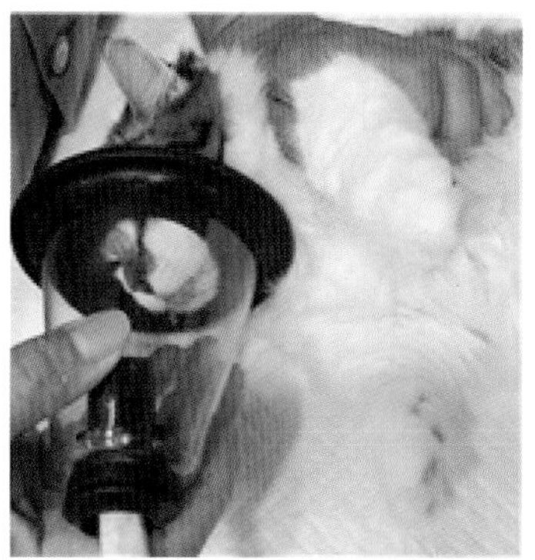

- Elizabeth collar*(실습방법을 참고)*

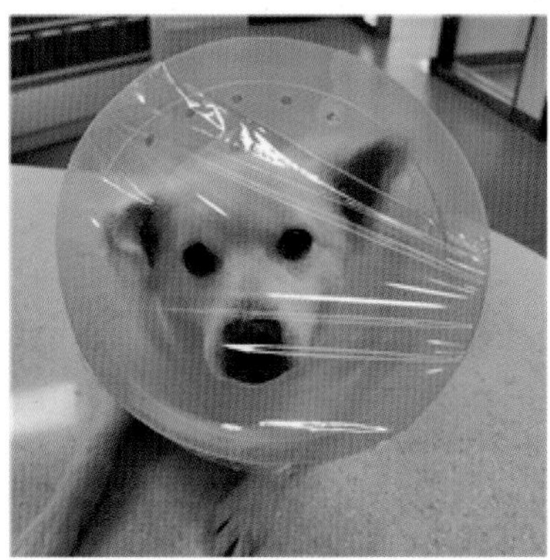

- Nasal oxygen catheter(비산소 카테터)

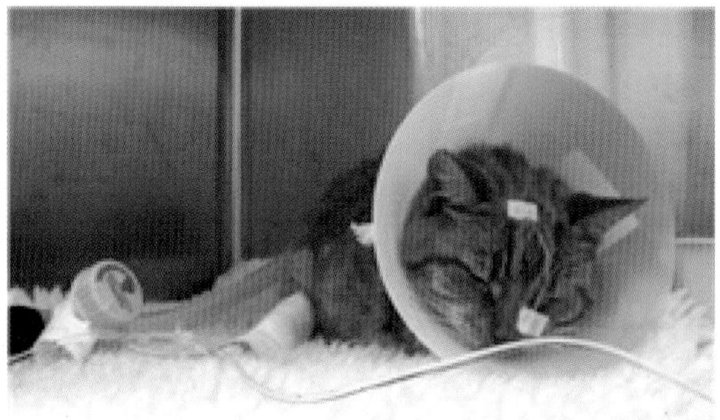

- Transtracheal oxygen 공급(기관 안으로 카테터를 장착하고 산소를 공급하는 방법) 등이 있다.

실습방법	
1	물과 비누로 손을 씻는다.
2	동물환자에게 처방된 산소전달 기구(oxygen collar)를 준비한다.
3	산소 가습용기에 증류수를 적절한 양만큼 채운다 : 가습되지 않은 산소를 공급하면 점막과 기도를 건조시키고, 산소 독성이 발생할 수 있다.

4	산소 가습용기에 유속기(flow meter)를 연결한다.
5	산소튜브를 유속기의 출구에 연결한다.
6	유속기를 처방된 속도로 조절한다.
7	산소 가습용기 내 거품방울이 생기는지 확인한다. 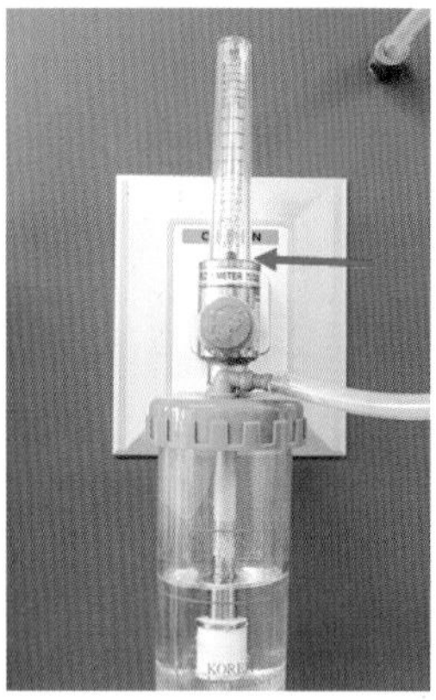 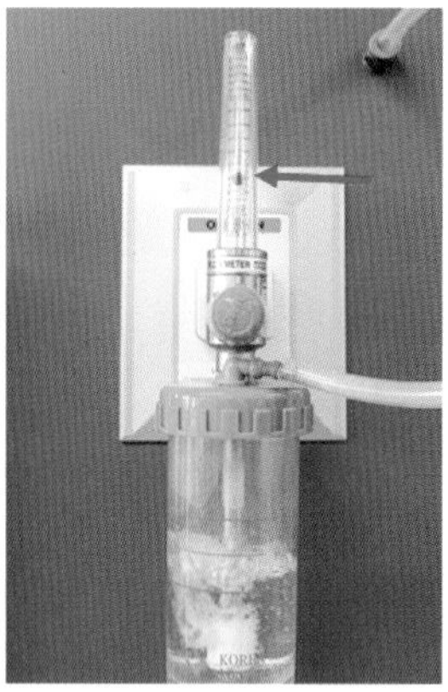
8	동물환자에게 oxygen collar를 채운다. 만약 oxygen collar가 없다면 넥칼라를 채우고 넥칼라의 개방된 부분의 2/3정도를 투명 비닐랩으로 감싸 테이프로 고정시킨다. 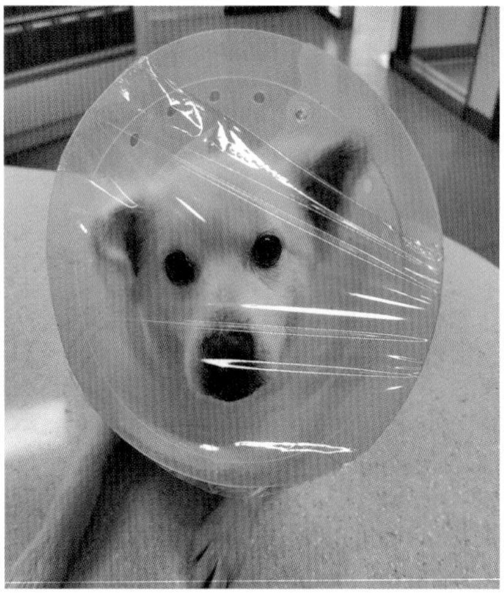 
9	넥칼라의 안쪽으로 산소튜브를 잘 고정시킨다.
10	산소처치 내용과 환자의 호흡상태를 관찰하고 환자기록지에 기록한다.

실습일지

실습날짜	년 월 일	실습장소	
실습준비물			
실습내용			

실습 내용 정리

19 멸균장갑 착용

알기 쉬운 동물보건내과학 실습지침서

학습목표

- 손을 통해 병원체가 전파되는 될 수 있음을 이해하고, 병원균 감소와 전파 방지 방법에 대해 학습한다.
- 멸균적 시술을 시행하기 위해, 멸균장갑 착용을 정확한 방법으로 수행할 수 있다.

실습준비물

- 멸균장갑

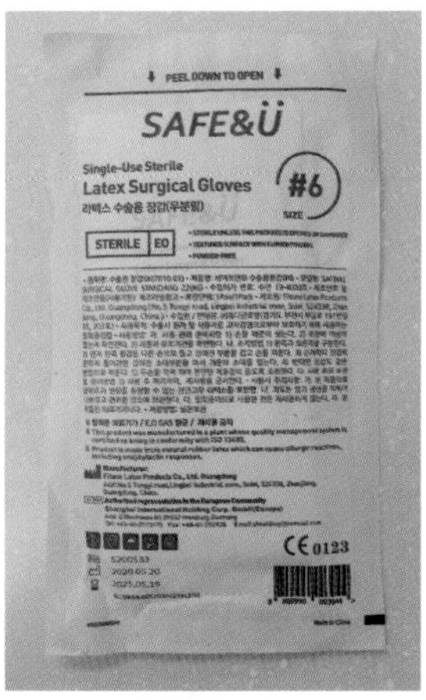

실습방법	
1	포장된 멸균장갑을 깨끗하고 건조한 테이블 위에 놓는다.
2	포장된 멸균장갑의 포장상태와 유효기간을 확인한다. 젖어 있거나 개방된 상태의 멸균 장갑은 오염된 것으로 간주한다.
3	안쪽이 오염되지 않도록, 바깥쪽 포장을 뒤로 젖혀 벗기면서 포장지를 연다. 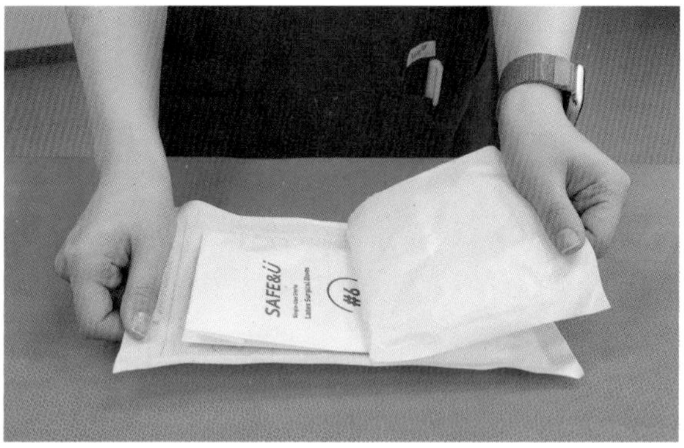
4	안쪽 꾸러미의 포장지 바깥쪽만 만져 안쪽 꾸러미를 빼낸다.
5	안쪽 꾸러미의 포장 끝단이 위로 향하도록 테이블 위에 둔다.
6	위쪽 덮개를 펼친 다음, 그 아래쪽과 옆쪽을 펼친다. 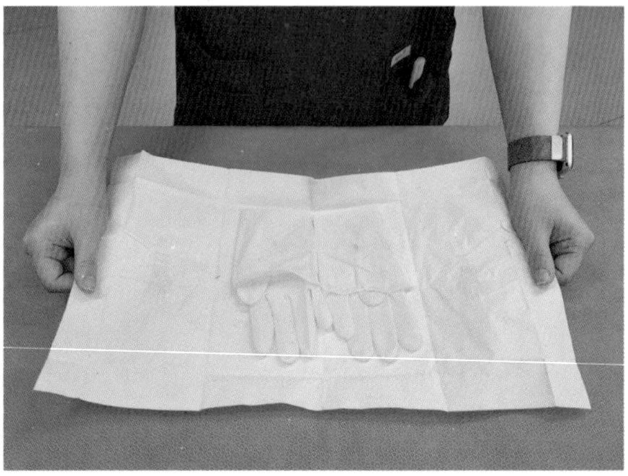

7	왼손의 엄지와 검지를 사용해 오른손에 낄 장갑의 접혀 있는 손목 부분을 잡는다. 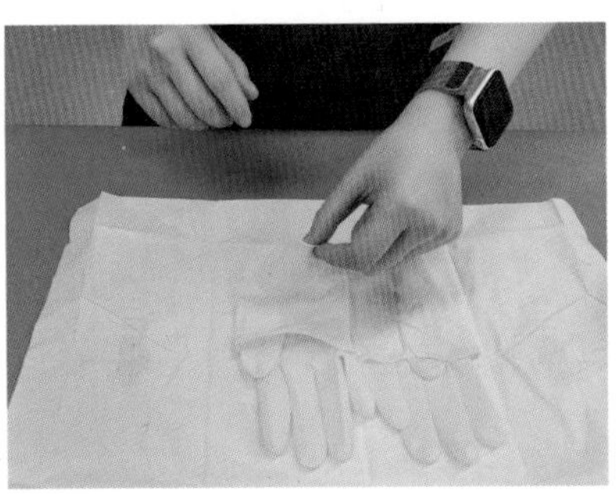
8	오른손을 장갑 안으로 집어넣고, 장갑을 당겨 착용한다. 이때, 오른손의 엄지를 바깥을 향하게 하고 나머지 손가락을 껴서 장갑을 착용하여야 오염될 확률이 줄어든다. 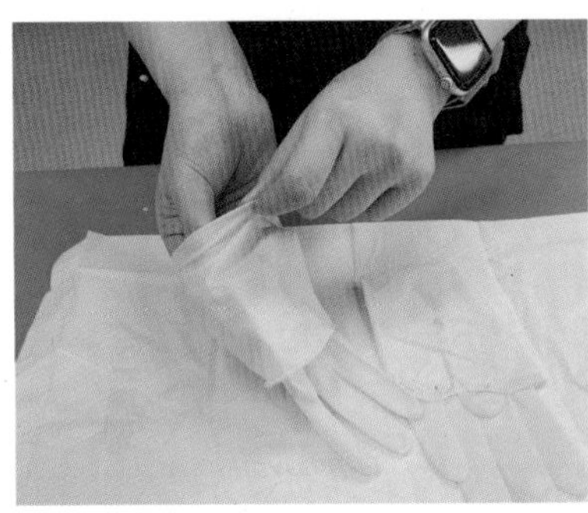 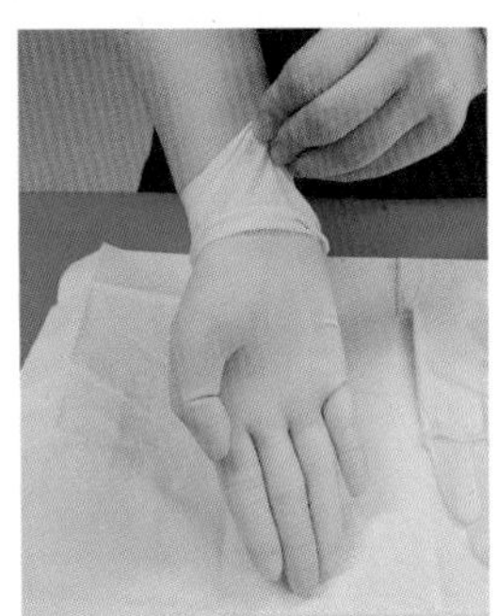
9	장갑을 낀 오른손으로 왼손 장갑의 접혀진 손목 밑으로(이때 엄지손가락은 바깥쪽을 향하고 있어야 함) 넣은 다음 위로 들어올린다. 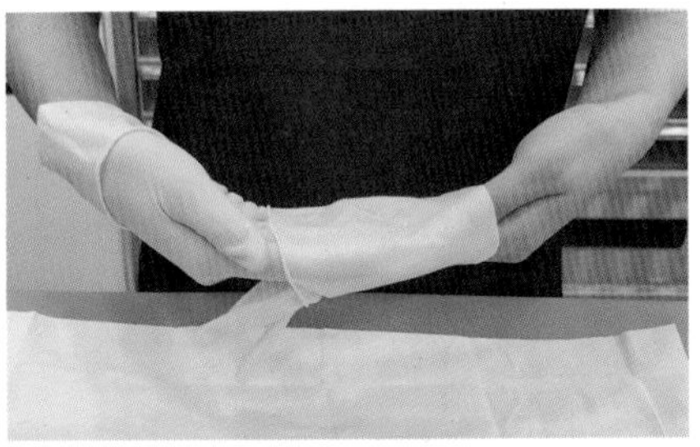
10	장갑낀 왼손으로 오른손 장갑의 접힌 손목 부분에 넣은 다음 위로 잡아올린다. ※ 필요한 경우, 양쪽 손의 장갑을 잘 맞게끔 조절한다. 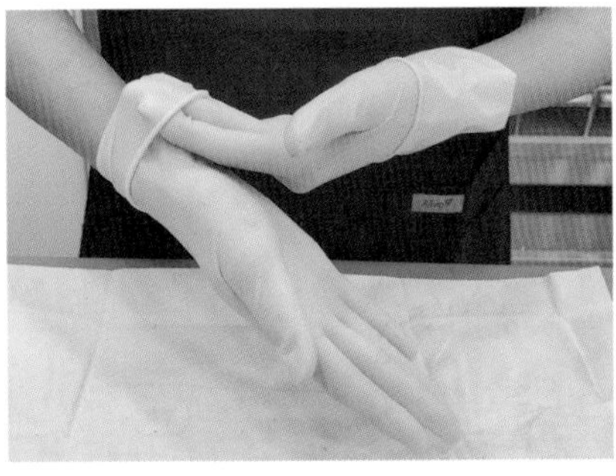

실습일지

실습날짜	년 월 일	실습장소	
실습준비물			
실습내용			

실습 내용 정리

의료폐기물 처리하기

학습목표
• 의료폐기물의 정의와 종류에 대해 학습한다. • 동물병원에서 발생하는 의료폐기물을 적절한 방법으로 처리할 수 있다.

실습준비물	
• 의료폐기물	
• 손상성 폐기물 전용용기 	• 일반 의료폐기물 전용용기 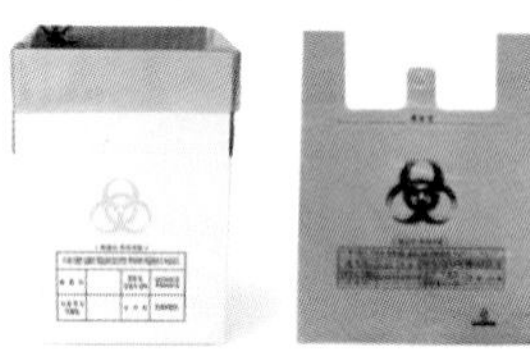

실습 관련 이론
• 의료폐기물의 종류 ① 조직물류폐기물 : 동물의 조직·장기·기관·신체의 일부, 동물의 사체, 혈액·고름 및 혈액생성물(혈청, 혈장, 혈액제제) ② 병리계폐기물 : 시험·검사 등에 사용된 배양액, 배양용기, 보관균주, 폐시험관, 슬라이드, 커버글라스, 폐배지, 폐장갑 ③ 손상성폐기물 : 주사바늘, 봉합바늘, 수술용 칼날, 한방침, 치과용침, 파손된 유리재질의 시험기구 ④ 생물·화학폐기물 : 폐백신, 폐항암제, 폐화학치료제 ⑤ 혈액오염폐기물 : 폐혈액백, 혈액투석 시 사용된 폐기물, 그 밖에 혈액이 유출될 정도로 포함되어 있어 특별한 관리가 필요한 폐기물 - 일반의료폐기물 : 혈액·체액·분비물·배설물이 함유되어 있는 탈지면, 붕대, 거즈, 일회용기저귀, 생리대, 일회용 주사기, 수액세트

〈비고〉

1. 의료폐기물이 아닌 폐기물로서 의료폐기물과 혼합되거나 접촉된 폐기물은 혼합되거나 접촉된 의료폐기물과 같은 폐기물로 본다.
2. 채혈진단에 사용된 혈액이 담긴 검사튜브, 용기 등은 제2호 가목의 조직물류폐기물로 본다.

• 폐기물의 처리 용기

의료폐기물이 발생하였을 때는 종류별로 적합한 전용용기에 넣어 보관·배출한다.

의료폐기물 종류	전용 용기 사용
• 조직물류폐기물(치아 제외) • 손상성폐기물 • 액체 상태폐기물	합성수지류 상자 용기
• 그 밖의 의료폐기물	봉투형 용기 또는 골판지류 상자 용기

실습방법	
1	사용 후 포도당, 영양제 등이 담겨져 있던 바이알병, 앰플병, 수액팩, 링거병 등은 혈액이 혼합되거나 접촉되었는지 확인한다.
2	㉠ 혈액 등 의료폐기물과 혼합되거나 접촉되지 않은 링거병, 수액팩, 바이알병 등은 의료폐기물에 해당되지 않으므로 생활폐기물에 배출한다. ㉡ 혈액 등 의료폐기물과 혼합 또는 접촉되어 의료폐기물에 의해 오염된 경우에는 일반의료폐기물로 분류하여 전용용기에 배출한다.
3	주사기는 사용 후, 주사바늘 뚜껑을 다시 씌우지 말고 구멍이 나지 않는 손상성 폐기물 전용용기에 버린다.

실습일지

실습날짜	년　　월　　일	실습장소	
실습준비물			
실습내용			

실습 내용 정리

저자 소개

김경민

경상국립대학교 수의과대학 졸업

서울대학교 수의학 석사

한국동물보건사대학교육협회(KAVNUE) 교육이사

부산시 수의사회 이사

현)경성대학교 반려생물학과 교수

김은정

경상국립대학교 수의과대학 졸업

경상국립대학교 수의외과학 석사

현)경성대학교 반려생물학과 교수

알기 쉬운 동물보건내과학 실습지침서

초판발행 2023년 8월 15일

지은이 김경민·김은정
펴낸이 노 현

편 집 탁종민
기획/마케팅 김한유
표지디자인 이영경
제 작 고철민·조영환

펴낸곳 (주) 피와이메이트
서울특별시 금천구 가산디지털2로 53, 210호(가산동, 한라시그마밸리)
등록 2014. 2. 12. 제2018-000080호
전 화 02)733-6771
f a x 02)736-4818
e-mail pys@pybook.co.kr
homepage www.pybook.co.kr
ISBN 979-11-6519-447-5 93520

정 가 18,000원

박영스토리는 박영사와 함께하는 브랜드입니다.